丛书主编：饶良修

INTERIOR DESIGN DETAILS COLLECTION

室内细部设计资料集

公共建筑导向系统

主　编：陈静勇　宫凤启

副主编：李菁菁　饶　劢

本册主审：姜中光　白殿一

中国建筑工业出版社

图书在版编目（CIP）数据

公共建筑导向系统／陈静勇，宫凤启主编．—北京：中国建筑工业出版社，2022.6
（室内细部设计资料集／饶良修主编）
ISBN 978-7-112-27140-5

Ⅰ．①公…　Ⅱ．①陈…②宫…　Ⅲ．①公共建筑－建筑设计　Ⅳ．① TU242

中国版本图书馆 CIP 数据核字（2022）第 040493 号

赠送增值服务小程序码

责任编辑：何　楠
责任校对：王　烨

室内细部设计资料集
INTERIOR DESIGN DETAILS COLLECTION
丛书主编：饶良修

公共建筑导向系统
主　　编：陈静勇　宫凤启
副 主 编：李菁菁　饶　劢
本册主审：姜中光　白殿一
＊
中国建筑工业出版社出版、发行（北京海淀三里河路 9 号）
各地新华书店、建筑书店经销
北京建筑工业印刷厂制版
北京富诚彩色印刷有限公司印刷
＊
开本：880 毫米×1230 毫米　1/16　印张：14¼　字数：344 千字
2022 年 8 月第一版　　2022 年 8 月第一次印刷
定价：**128.00** 元（含增值服务）
ISBN 978-7-112-27140-5
　　（38925）

《室内细部设计资料集》

总编辑委员会

《公共建筑导向系统》

编辑委员会

序　　一

期待已久的"室内细部设计资料集"陆续与读者见面了，这是我国室内设计界值得庆贺的一件大事。这一套由高等院校、施工单位和设计单位联合编写丛书的面世，在我国室内设计界，不仅仅为设计师们，为教师们，为施工单位提供了一套符合我国国情的，有关室内细部设计的设计、教学、施工参考资料。这还是改革开放之后，我国新兴的室内设计专业正在逐渐走向成熟的一种标志。

室内设计从建筑设计中分离出来成为独立的新专业之后，在细部设计方面面临着许多新问题。从向书本学习，向国外学习到在实践中成长。中国的室内设计从业者们经历过摸索，经历过失败，也取得了成功。值得庆幸的是，众多的实践机会让我们在摸爬滚打中成长起来。我们终于有了自己的"室内细部设计资料集"。虽然它可能还有不足之处，但我相信不断的实践会让它更加充实，更加完美。

该部资料集汇集了我国室内细部设计方面的许多典型案例，是我国在室内设计实践中成功经验的总结，值得我们好好学习和运用。同时，事物也总是在发展的。建筑材料在不断更新，施工方法在不断变化，审美情趣在不断改变，这都需要室内细部设计不断寻找新的对策。我希望在这个资料集的基础上，有更多新的创造，新的发展。我相信我们会越做越好。

我国室内设计的老前辈，我们中国建筑学会室内设计分会的老副会长饶良修先生主持了这套资料集的编写工作，他为此付出了多年的不懈努力。我们室内设计分会还有不少设计单位、高校教师以及施工单位为此书的诞生在辛勤劳动。在此，我对他们的无私奉献表示深深的谢意，并希望这套丛书尽快全面完成。

邹瑚莹

序 二

中国建筑学会室内设计分会与中国建筑工业出版社合作出版的"室内细部设计资料集"尝试采用一种新的编纂形式，由国内知名室内设计、教学、施工单位、相关产品生产厂家联合编写，集室内行业的智慧与经验，服务于行业发展的需求。室内设计和施工单位，长期在一线从事室内装修工程，积累了大量的室内细部设计构造资料；大专院校具有学术研究的传统与严谨的治学态度，他们善于将实践经验总结提升到理论高度，使读者不但知其然，亦知其所以然；相关产品生产厂家为本书提供了第一手产品资料，使设计师掌握产品标准与应用标准，在产品的选用中做到心中有底。丛书还邀请了业内相关领域专家进行审校工作，保证了丛书的质量。

陈静勇先生与官凤启先生共同主编了《公共建筑导向系统》。陈静勇先生是北京建筑大学教授，中国建筑学会室内设计分会理事，教育委员会主任，多年从事室内设计教学；官凤启先生是北京视域四维城市导向系统规划设计有限公司创始人之一，作为导向系统规划设计的专业团队，在实践中积累了丰富的经验，参加了多项公共信息导向系统国标的制定工作。他们的合作是强强联合。

近年来，人们逐渐认识到公共建筑导向系统在建筑空间环境中的重要作用，很多室内设计项目开始委托"建筑标识设计"。《公共建筑导向系统》是"室内细部设计资料集"中的一个分册，是指导室内设计师如何规划、设计建筑空间环境公共信息导向系统。

公共建筑导向系统从专业角度来说，它既不属于建筑设计，也不属于室内设计，而是一项专项设计。住房和城乡建设部于2017年发布了《公共建筑标识系统技术规范》GB/T 51223—2017，该规范有助于我国建筑环境标识设置理念的提升；适用于公共建筑新建或改建工程标志标识系统的设计、制作、安装、检测、验收和维护保养；有助于人们在建筑空间环境中的有序流动，提高建筑管理水平。

在《公共建筑导向系统》出版发行之际，我对所有参编人员的辛勤付出表示衷心的感谢。我们期待《公共建筑导向系统》能对室内设计工作者有所帮助，在室内设计工程中发挥积极的作用。

饶良修

序　三

由陈静勇先生与官凤启先生共同主编的《公共建筑导向系统》与读者见面了。

标识系统是传达信息的一种载体，是导向系统的组成部分，也是室内设计中的一个新课题。因为它不属于建筑设计，也不属于室内设计的专业范畴，而属于由专业标识公司根据室内设计方案进行深化的"专项设计"和制作。但它又是公众十分熟悉的内容。当人们初次进入一个陌生的大商场、航站楼、火车站、剧场等公共建筑中，会按照导向系统提供的信息，准确、快捷地到达自己的目的地。有了这些标识的指引，人们无需寻求工作人员或他人的帮助，就可解决公共建筑中部分活动遇到的难题。

随着社会的发展，我国各地的公共建筑数量、规模飞速增长，功能内容越来越综合，空间构成日趋复杂，服务的人群种类增多。由于各类公共建筑空间环境中信息量大、人流动线错综复杂，对各类标识设置的需求随之急速增长。而当前公共建筑设计的规定中，在导向系统方面尚有不足和空白，虽然住房和城乡建设部于2017年批准公布的《公共建筑标识系统技术规范》GB/T 51223—2017，是向现代化管理水平过渡的重要标志，有助于我国标识设计理念的提升和对标识行业质量的管控，但还缺乏对标识体系的系统研究。在标识整体规划布置、信息分级等标识设计的流程及各阶段的设置内容、深度等方面的规定还有待充实、完善。

标识（Signage）是以视觉元素（颜色、形状、字符、图形等）、听觉元素（声音）、嗅觉元素（气味）或触觉元素（盲人符号）等媒介向使用者传递信息的一种公共服务设施。标识作为人类直观联系的特殊方式在社会活动与生产活动中无处不在，越来越显示其独特重要的作用。

标识系统（Signage System）是以标识系统化设计为导向，综合解决信息传递、识别、辨别和形象传递等功能的方案。

空间导向系统（Way-finding System）是在现代越来越复杂的空间和信息环境中，使陌生访客能够在最快的时间获得所需要的信息。它是在公共场所中引导方向，明确使用性质的一套独立的系统，在人们日常生活中起不可忽视的作用。

公共建筑的导向系统是建筑环境不可缺少的信息传播设施，直接与人们的日常生活、工作交流相关，是城市公共设施的重要组成部分；导向系统可以对建筑物楼宇的功能作出系统的说明，也可以对园区范围内的户内外做出指示性、警示性或公益性的告知。它应用于建筑空间环境中，同时存在于建筑内部空间以及建筑外部空间中，与空间环境中其他元素密不可分。

公共建筑导向系统设计与建筑跨行业、跨学科的工作相适应。近二十年来，我国公共建筑环境空间中对标识的需求急速增长。建筑师和室内设计师必须重视规划设计工作中对空间标识的整体规划布置、信息分级等方面的考虑，方能保证建筑空间的合理使用和人们在室内空间有序的流动，提高效率，保障安全。

公共建筑导向系统与其室内功能空间的布局安排密切相关。室内设计的一个重要任务是关心使用者的方便、舒适、安全。由于导向系统设计需要进行详细的使用者信息需求分析和行为动线分析，这些分析对建筑空间布局的优化有重要的参考作用。因此，导向系统规划不是设计后期的事，而应与建筑设计、室内设计同步进行，以减少后期对结构、室内装修等的影响并可减少重复工作，节约工程成本。

由陈静勇先生与官凤启先生主编的《公共建筑导向系统》是针对公共建筑中的室内空间，即进入公共建筑后的内部空间中的导向系统设置。不包括公共建筑室外空间环境的引导标识系统。其中包括标识的数量、位置、设计形式、各位置传递的信息、依据设置位置空间提供标识造型尺寸依据等。标识规划布置还为下一步更为详细的方案设计工程预算提供信息资料。

陈静勇教授多年从事室内设计教学，并进行了室内导向系统的课题研究，工作认真严谨，为编写此书，以陈教授为首的工作团队，花费了大量的时间和心血进行资料收集、调查分析、提炼组织等工作。而与陈静勇合作的官凤启团队，北京视域四维城市导向系统规划设计有限公司，更是一个导向系统规划设计的专业团队，他们在实践中积累了丰富的经验，而且也参加了多项公共信息导向系统国标的制定工作。他们以专业的水准对书稿进行了梳理，为本书的质量提升作出了贡献。

该书是为建筑师、室内设计师提供公共建筑空间设置标识的合理空间位置安排提供参考，不涉及标识本体的设计制作安装等问题。本书的特点是理论结合实例，信息量大。除了介绍公共建筑室内导向系统规划布置的相关知识和要求外，为满足实际设计工作需求，还选择了车站、航站楼、办公楼、商场等公共建筑为实例说明导向系统的规划设置，以加深使用者的理解，是一本具有理论和实用价值的参考书。

姜中光

前　言

近年来，我国城市化进程加速，一大批公共建筑拔地而起，而公共信息导向系统帮助身处其中的人们辨别方向、寻找道路、识别公共建筑及设施，为出行者提供便利，最大限度降低"找路难"的问题，有效地起到维护公共秩序、提高公众场所的通行能力，体现城市建筑现代化水平。公共建筑导向系统是公共信息导向系统的建筑空间场景应用，经过近二十年的努力，公共建筑导向系统的规划设计成为建筑设计、室内设计相关专业设计专项之一，也是建筑设计技术进步的表现。这也是"室内细部设计资料集"将《公共建筑导向系统》列为分册之一的原因。

2020 年 3 月，国家标准《公共信息标志载体》GB/T 38651.1～4—2020 由中华人民共和国国家市场监督管理总局、中华人民共和国国家标准化管理委员会发布，力求全面系统提升公共信息导向系统的整体建设质量。

作为公共信息导向系统建筑空间的应用，也有很长的规范化、标准化道路要走。本书的编写希望能够对建筑师、室内设计师有一定的帮助，其主要内容涵盖：基本原理、设计策略，以及对办公建筑、博览建筑、观演建筑、教育建筑、医疗建筑、体育建筑、交通建筑、商业建筑等八类公共建筑导向系统的规划设计概念、规划设置原则、设计导则进行阐述，并有针对性地提供工程案例供读者参考。

北京建筑大学陈静勇老师的团队多年来从事建筑室内设计与研究；北京视域四维城市导向系统规划设计有限公司的设计团队有着近 20 年在导向系统规划设计领域的耕耘，积累了大量的案例资料，并且参与大量的国家标准、地方标准的编制。两个团队的合作真正做到了产学研融合，全面系统化助力导向系统规划设计专业高质量发展。

在此特别感谢中国标准化研究院研究员白殿一先生，他主持建立了"图形符号国家标准体系""城市公共信息导向系统国家标准体系"，奠定了中国导向系统发展的基础。本书在各章节列举了室内细部应用的国家系列标准《公共信息图形符号》GB/T 10001，希望为专业读者朋友提供相关标准依据。

在编制过程中，我们还得到很多业内专业人士的关注和帮助。感谢北京市科学技术委员会李建玲女士、史瑛老师对本书的文字校对及整理工作；师兴先生对国际项目资料收集的整理工作的突出贡献；美国环境图形体验设计协会上海分会吴端女士、美国环境图形体验设计协会会员 Entro 设计团队及 Populous

设计团队的积极参与。

还要感谢为本书提供案例照片资料和咨询的章宏泽先生以及相关单位，他们是江苏超凡标牌股份有限公司、常州鑫泽广告装饰有限公司、常州市超艺标牌有限公司、武汉高斯美创新产业有限公司、北京图石空间创意设计有限公司。

《公共建筑导向系统》几易其稿，在编者能力所及范围追求完美。今天把这部具有实战价值的公共建筑导向系统规划设计方法，呈现给读者，直观地展现出理论基础及实践经验，希望为大家提供工作思路。希望通过不断的实践和总结，未来再版中加以改进完善。不足之处，欢迎大家批评指正。

未来，公共信息导向系统将走向智能化、平台化、数据化管理，我们将依托市场实践，提升理念，坚持标准化研究，保持持续创新发展。希望与大家共同交流，共同进步。

陈静勇　官凤启

目　　录

A　基本原理

B　设计策略

E　观演建筑导向系统

F 教育建筑导向系统

G　医疗建筑导向系统

H　体育建筑导向系统

J　交通建筑导向系统

K　商业建筑导向系统

Section A

基本原理

A1 导向系统的产生

A1.1 视觉传达设计的起源

视觉传达设计主要是指通过某种可视化的媒介，有目的性地传播事物及信息的设计行为，是人与人之间通过视觉语言进行信息传播的方式。平面招贴、造型艺术、产品设计、城市建筑，以及各种文字、图形、符号、纹章、钱币等，都属于视觉传达设计的传播媒介。

视觉传达设计并不是某个时代一蹴而就的，它的起源和形成可以追溯到人类文明的初期。远古时期，用来记录狩猎等事件的岩穴壁画可以被看作是最为原始的视觉传达作品。农业经济的发展，促进了原始人及其部落之间的交流，也促进了图腾、文字的产生。其中文字属于视觉符号的一种，其最大特点是把表现思想的听觉符号系统——语言，准确地翻译成视觉符号来表现，使语言通过文字符号得以保存和传播。因此，视觉传达设计发展的历史也可以说是从书写、文字的创造开始的。

A1.1.1 图形

从古代开始，人类便利用图画作为手段，记录自己的思想、活动、成就等，并且为了更简洁明确地传递信息，创造了各种形象的符号。从广义上讲，图形产生于原始岩画中的狩猎（图A1）、图腾则表达了先民鼓舞士气、崇尚力量的语义，是人类认识世界与生存环境融合发展的需要。

图A1　拉斯考克壁画

图片来源：邵大箴. 外国美术简史［M］. 北京：中国青年出版社，2014.

图形是二维空间构成与创意的基本元素，在《现代汉语词典》中，对"图形"的定义是：在纸上或其他平面上表示出来的物体的形状。"图形"英文中译为"graphic"，代表了以印刷手段制作的平面设计作品。在设计领域中，对图形的定义是：运用绘、写、刻、印等手段产生的图画形象，是人们有意识、有目的地进行沟通和交流，并可以进行大量复制，以传播信息为载体的视觉语言形式。若把图形两字分解开来理解，"图"是非空的顶点集合体并由描述顶点之间的关系元素—边线围合而成。"形"是摆脱了客观物象的束缚，将自然物象去除了三维空间因素，并转化为平面图形，具有平面所特有的装饰性和形式感。总之，广义上的图形产生于原始社会岩画中的狩猎和图腾，表达了先民认识世界和生存发展的需求。作为二维空间的基本元素，它由三维空间要素抽象转化而来，是摆脱了客观物象束缚的平面图形，是传播信息的视觉语言形式。

图形的创造形成于三个方面：第一，图形是物质的客观存在。自然界的山水树木、城市的建筑、公共设施等都是客观存在的物象，我们可以对这些物象按照自己的所见所闻、所想所需去选择搜集，然后进行归纳、提炼、设计、制作成所需要的图形。第二，图形是人的视知觉感受的反映。在人类的各种感觉中，视觉是首要的，因为人们得到的信息大多来自视觉的获取。第三，图形是具体符号，是传达信息的工具，在书面语言中它是特殊的文字符号，在图形语言中它是可以表现意义的符号。图形可以用于视觉的思考和交流，在人类的艺术语言中具有重要的地位。在人们的视觉感知系统中，易于成图的条件有七种，即居于画面中心的形易于成图；处于水平或垂直方向的元素比倾斜的元素更易于成图；被包围的领域比包围的领域易于成图；画面中相对小的形易于成图；群体化的形易于成图；色感要素强烈的形易于成图；曾经体验过的形易于成图。

A 1.1.2 文字

文字的定义一直存在分歧。狭义派认为文字是记录语言的符号；广义派大致认为，人们用来传播信息的、表示一定意义的图画和符号，都可以称为文字。从《语言学名词》"文字"条可以看出：第一，文字是人类特有的现象；第二，文字的作用是记录和传播语言；第三，文字是书写符号系统。因而从视觉角度出发，文字符合符号系统，符合一般符号的特征，文字的外形具体可视，并以"形"来表示其特征。

文字源于图画，最初的文字是可以读出来的图画，但图画却不一定能读。据推测，在汉字产生之前，曾有过一些过渡阶段，如我国的八卦符号等，用来反映客观世界的符号。后来，这些用来书写但不需要逼真描绘的图画，逐渐向文字方向偏移，最终导致文字跟图画的分离。

在人类社会发展中共产生了三种最古老的文字：一是 5500 年前两河流域苏美尔人创造的楔形文字；二是 5000 年前尼罗河流域的古埃及人创造的圣书体；三是我国 3300 年前殷商时期的甲骨文字。当时，埃及人的象形文字，书写在草纸上的文书被称为"埃及文书"，采用了横式布局或纵式布局，插图与象形文字互相辉映，极其精美，奠定了现代平面视觉设计、版面设计的雏形。这些古老的文字都是由象形文字发展而来，后都发展成为表意文字。三种最古老的文字中，仅汉字从早期甲骨文形式演变成了现代汉字，是世界上唯一使用至今的表意文字。此外，公元前 1700 年，西方象形文字被希腊语言拼音的抽象符号取代，出现了最早的字母形式。1908 年出土于克里特的法伊斯托泥盘（the Phaistos Disk）上有 241 个符号，是最早的拼音文字。这种文字是人类文明的一个重大的进步，在古希腊和部分的古典中东地区发现。而希腊是最为重要的字母文字的中心，影响到后来的整个欧洲文字和现代平面设计的面貌。由此可以看出，文字起源于图形，最早的象形文字形式发展至今形成了以汉语为代表的表意文字。在欧洲，希腊语言拼音的抽象符号取代了象形文字，出现了最早的拼音文字，是人类文明的又一重大进步，也对现代平面设计产生了深远影响。

A1.2 视觉传达设计的变革孕育导向系统的产生

我国古代笔、纸、砚的发明以及雕版印刷、活字印刷、印染技术、凸版印刷、平版印刷等印刷方式的发明创造，推动了书籍的普及和信息的传播，为视觉传达设计提供了更为便捷和丰富的物质条件和技术手段。19世纪晚期，艺术与手工艺运动开始，英国建筑师威廉·莫里斯（William Morris）帮助视觉传达设计从传统的制造工业和美术领域中分离出来，影响了20世纪欧洲视觉传达设计的发展。20世纪，摄影图版、现代印刷技术和计算机辅助设计技术的运用，促进了视觉传达设计的传播媒体及技术性的变革。20世纪末，网络技术和数字媒体技术的出现再一次影响了视觉传达设计的发展，从静态到动态，从二维平面发展到三维空间，从信息的单向传递到交互作用，视觉传达设计的领域也越来越广泛，导向系统——这一综合解决信息传递、识别、辨别和形象传递等功能的整体解决方案也愈发重要（图A2）。

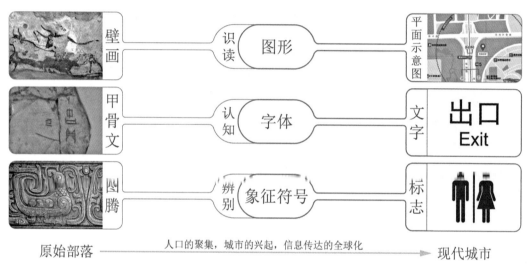

图A2 视觉传达的基本要素与城市导向系统的构成元素

A1.3 导向系统的产生与发展

A1.3.1 古代

具有识别性的符号在原始社会部落发展形成。当时，由于各个部落之间需要加以区分并交流信息，对信息要赋予代表、象征、区分的作用，因而产生了自原始社会开始的一种"识别文化"，如姓氏、图腾、结绳、牌坊、旗帜等。无论是在东方还是西方，古代的识别图案本质上代表的是民族、兵团或者部落，不同的部落试图用具象的方式展现各自的特色，如服装、头饰等的不同颜色及符号，最常见的识别图案是动物符号及相应的各类早期神祇。古代人经常使用诸如狮子、老虎以及龙等现实或虚构的猛兽，或者诸如狐狸、猫头鹰、巨蟒等表现狡猾、阴险与充满智慧的动物，将本民族与其他民族区分开来，并借以象征标志持有者的某种性格品质。此外，具有识别性的符号还用在战场上，便于分辨不同部落的战士。考古学研究中可以发现，早在古代时期绘制在盾牌上、用以识别敌我的标志就已经出现。在战斗中，区分敌我起到关键性作用的是军团旗帜、战斗小组所持的三角旗以及士兵服装的颜色。战旗在每次战役，甚至每次战斗开始之前由指挥官们重新选择，后慢慢形成了较为固定的样式。其后，随着社会的发展，这些识别性的符号成了方便联系、标示意义、区别事物种类特征的标记。

在我国古代，识别性的符号可以追溯到部落氏族社会的图腾。例如，女娲氏族以蛇为图腾。商周时期，青铜器铭文除象征权威的饕餮纹、兽面乳丁纹、夔龙夔凤纹；青铜器也随着贸易的发展作为我国最早的交流商品，铭文铭刻着铸作年月、监造处所和工官的名称。这些图形和标识为以后的商品交换的标值奠定了基础。进入封建社会，城市逐渐形成了城门、城楼等，以城门牌匾、酒幌、石碑等为代表的标识随之出现，许多古代诗词典籍中具有记载（表 A1）。城门牌匾、牌坊和市集的招幌构成中国古代原始的城市导向标识系统，并不断地随着城市的扩张、经济的发展、城市功能的细分，不断演进至今。此外，中国古代城市建筑大多是木结构，其致命弱点是容易发生火灾，因而古人在建筑物的房脊两端树立两个对称的饰物——鸱吻，希望借助这个海中神兽的力量来避火，这赋予了更加丰富的信息。

古代与导向系统相关的文献记载 表 A1

年代 – 著作	内容及解释
［周］《周礼·考工记》	"匠人营国，方九里，旁三门，国中九经九纬，经涂九轨，左祖右社，面朝后事，市朝一夫。"这里的国指国度，古代城郭多以方形城墙围合而成，有城必门，人们根据各个城门不同的功能取以名称题于城门匾额之上，以便清晰地辨别方向和区分城门所分割城市区域的规制等级、交通节点等。
［先秦］《诗经·陈风·衡门》	"衡门之下，可以栖迟。"在古代城市中，大量存在的是里坊之门，古代称之为"闾"。据建筑师刘敦桢先生分析，这种闾门上往往都书写着里坊的名称，而且按照表闾的制度，将表彰事迹书写于木牌，悬挂门上。立于宫殿、寺庙、陵墓等建筑群前面的，称为标志性牌楼。
［三国］嵇康《声无哀乐论》	"夫言非自然一定之物，五方殊俗，同事异号，趣举一名以为标识耳。"一本作"摽识"。
［魏］孙绰《游天台山赋》	"建标，立物以为之表识也。"
［北魏晚期］郦道元《水经注·汶水》	"嬴县西六十里有季扎尔冢，冢圆，其高可隐也。前有石铭一所，汉末奉高令所立，无所叙述，标志而已。"
［宋］郭象《睽车志》	卷一："尝梦入冥，吏引至一处，若官府，两庑皆大屋，贮钱满中，各以官为标识。问之，曰：'此俸禄也。'"

总而言之，城市导向系统规划设计虽然是一个新兴的设计门类，但却自古有之，一直在一种原生态的状态中演进和发展，在城市的诞生和商业发展下不断演变至今，具有使人们直观联系相关事物的独特功用。

A1.3.2 近现代

18世纪，工业化发展导致生产社会化和专业化分工，使城市功能不断多样化。为工业生产服务，城市开始发挥商业贸易中心、金融中心、交通运输中心、消费中心的作用。此外，城市的文化中心、教育中心、科技中心、信息中心等作用逐步发展起来，城市必须提供教育、科研、文体娱乐等多种服务；与此同时，城市还要提供方便于工作、居住、交通和游憩的综合设施。城市要为居民提供一个安定的宜居环境。美国地理学家哈里斯（Harris）

曾将城市分为以下几类：工业城市、混合城市、批发商业城市、运输业城市、矿业城市、大学城市、游览疗养城市。日本城市经济学家小笠原义胜也把城市分为7类：工业城市、商业城市、矿业城市、水产业城市、交通运输城市、公务自由城市和其他产业城市。

城市分工逐步细化，城市中不同功能分区不断增多，城市中公共建筑空间也逐渐增多。20世纪中叶，城市迅速发展，标识开始健全起来，成为城市管理公共服务的一项重要手段。随着城市规范化和精细化管理的改革深化，国外城市针对城市导向系统设立了相关法案的做法也可为我们提供了借鉴的经验（表A2）。

国内外城市导向系统代表性事件　　　　　　　　表A2

时间	事　件
1925 年	奥地利哲学家和社会学家奥图·纽拉特设计了国际通用图形符号系统"Isotype"
1933～1940 年	英国设计师爱德华·琼斯设计的"铁路体"（Raileay Type）的字体是世界上第一个在正式公共场所应用的无装饰线字体，推动通用字体的造型向明视易读的方向发展，使无饰线体文字成了现代平面设计的基本体例之一
1946 年	瑞士日内瓦标准协会（ISO）成立
1960 年	建筑师凯文·林奇提出空间导向系统。其目的是在现代越来越复杂的空间和信息环境中，使得访客能够在最快的时间获得所需要的信息
1972～1974 年	美国联邦政府交通部委托美国平面设计学院组织设计供交通枢纽使用，具有通用、准确、国际认同的新交通标志，共计 34 种不同的标志符号，应用在各种与公共交通有关的场所，以方便行人对于具体设备、设施、方向、交通工具等内容的了解。标准化的视觉传达系统经过反复审查后得到批准使用，给全世界航空港的标志设计带来极大的影响，各个国家开始采纳这个体系，因而使国际航空港的视觉标志逐渐趋于统一，极大地方便了乘客
1974 年	德国设计师奥托·艾舍于 1972 年设计的慕尼黑奥运会导向系统成了赛事标准化图标的典范
1976 年	著名建筑师查理·索尔·沃尔曼在美国建筑师年会中提出了"信息化建筑"这个概念，并在其后的工作中探讨了信息构建和建筑中信息如何被理解的各种问题
20 世纪 80年代开始	《日本展示·商业环境设计年鉴》从 20 世纪 80 年代开始，正式加入了"导向系统"（Signs System）部分，而当时企业形象设计系统（CIS）被日本人发挥到淋漓尽致的时候，导向系统设计也是企业形象推广的一个很重要的部分
1990 年	美国 ADA（Americans with Disabilities Act）标识系统颁布
	美国圣巴巴拉市的区域性自行车路线标识投入使用
1995 年	中国 GB/T 15565《图形符号 术语》标准发布
1997 年	中国 GB/T 16900《图形符号表示规则 总则》标准发布
2000 年	中国 GB/T 10001《公共信息图形符号》系列标准发布
2006 年	中国 GB/T 20501《公共信息导向系统 导向要素的设计原则与要求》系列标准发布
	北京 2008 年奥运会体育图标发布
2007 年	中国 GB/T 15566《公共信息导向系统 设置原则与要求》系列标准发布
2009 年	中国 GB/T 23809《应急导向系统 设置原则与要求》标准发布
2014 年	中国 GB/T 31015《公共信息导向系统 基于无障碍需求的设计与设置原则》标准发布
2015 年	中国 GB/T 31521《公共信息标志 材料、构造和电气装置的一般要求》标准发布
2020 年	中国 GB/T 38651《公共信息标志载体》系列标准发布
2020 年	中国 GB/T 38604《公共信息导向系统 评价要求》系列标准发布
2020 年	中国 GB/T 38654《公共信息导向系统 规划设计指南》标准发布
2021 年	中国 GB/T 40232《冰雪运动场所用安全标志》标准发布

导向系统的基本概念 A2

A 2.1 基本概念

公共信息导向系统是引导人们在城市空间任何公共场所进行活动的信息系统。其主要功能是导引方向，即一个外地人或外国人初临一个城市后，借助导向系统的指引就能够便捷准确地到达其目的地。其次要功能是提升环境空间品质。该系统将一个城市看作一个整体，服务于城市空间，并与空间环境品质协调匹配。

公共建筑导向系统是公共信息导向系统的重要子系统，是指在建筑空间环境中运用导向要素、导向元素，遵循相关原则帮助人们完成建筑空间认知，传递空间环境公共信息系统，并且因建筑功能、人员流向活动区域、导向对象等的不同因素形成细化的子导向系统。

其导向要素主要包括位置标志、导向标志、信息标志、平面示意图、区域导向图、便携印刷品等。导向元素就要主要包括文字、图形符号。

公共建筑导向系统主要作用是导引方向辅助人们识别空间环境，还可以提升建筑空间环境品质。国内外都对导向系统的概念有各发展阶段的解读（表A3、表A4）。

本书以公共建筑导向系统为重点，向大家阐述公共建筑导向系统的规划设计思路及工作要点。

国际关于导向系统的概念　　　　　　　　　　　　　表 A3

英文词	解　释
landmark	指的是城市中的点状要素，是人们体验外部空间的参照物，通常是指陆地上明确肯定的具体对象，与"标识"在意义上很接近
	"landmark"属于"mark"类符号，是一种标志，或者说是一种历史的记号，是一种与标志性建筑、标志性景观有关的标识。"mark"也用于商业标识，起源很早，至今仍在沿用，如商标"trademark"
sign	"sign"有符号、记号、标记、招牌、指示牌等意思，与今天的指示系统在功能意义上很接近
signal	"signal"是信号，也对应标志。"signpost"多用于道路标识，"signboard"指的是招牌、广告牌、站牌等
	英文中还有"nameplate""nameboard"等词，比如日本住宅门口的写着家族名称的牌子，就称"nameboard"，也可指商标。在各类标识的表述中，也没有很明确的规定
signage 或signage system	以标识系统化设计为导向，综合解决信息传递、识别、辨别和形象传递等功能的整体解决方案
	作为导向的含义时，中文的意思是根据人的行动，对空间信息的具象表达的物体。比较客观的普遍的定义是：导向标识是提供空间信息，进行帮助认知、理解、使用空间，帮助人与空间建立更加丰富、深层的关系的媒介。这种介质通过传达"方向、位置、安全"等信息，从而帮助人们构成从此地到达彼地并知道回路的行为模式
wayfinding	导向系统，在日本、美国等的行政区规划设计中所提出的导向系统手法，综合解决信息传递、识别、辨别方向、形象提升等功能

名词	内 容
标识	是指信息、情报、视觉传达的媒介和符号。《辞海》中有标志、记号之意。《现代汉语词典》中"标志"同"标识",表明特征记号
标识系统	是指按一定的标准、工艺、造型、色彩等,将特定区域内的标识物统一化、规范化、整体化,并以此为导向,综合解决信息传递、识别、辨别和形象传递等功能
导向标识	是传达信息的一种介质,传达"方向、位置、安全"信息,帮助人们构成从此地到达彼地并知道回路的行为模式
导向标识系统	利用信息标识、导向标识、位置标识、警示禁制标识、宣教标识、运营标识等传达环境空间信息,以辅助人的空间寻路行为的一种标识系统

中国关于导向系统的概念　　表 A4

A2.2　建筑导向系统的特点

（1）规范性

1）建筑导向系统规划设计,应遵循相关国家标准、规范、原则和方法。

2）建筑导向系统设计导向要素应符合国家标准、规范相关设计要求。

3）建筑导向系统应充分考虑人机工学及无障碍设置相关要求。

（2）一致性

1）建筑导向系统的导向信息各子系统之间的连接转换、导向设置,应遵循一致性原则,以实现顺利衔接过渡的导引功能。

2）同一区域内,类型导向要素设计、设置位置、方式、高度、设计尺度、立保持一致。

（3）环境协调性及导向信息的醒目性

1）同一子系统中表示相同含义的图形符号、文字、信息元素使用应相同。

2）相互衔接的导向系统之间,所使用的图形符号、文字、信息元素等应相互协调。

3）导向要素的设置位置、设计形式,应充分与环境特点相协调。

4）导向要素在所设置的环境中应醒目,设置于易发现、没有遮挡的位置。

5）应考虑环境光的情况,考虑内部或外部的照明。

6）导向要素如与广告设置相近时宜保持视觉上的分离,确保导向信息的视觉优先性。

（4）系统性

1）导向系统内的导向信息的连续性及导向内容应相互配合,在出入口动线上的决策点或汇合点等所有重要节点,应设置导向要素,以引导可达每个空间目的地的最短或最适合路线。

2）确保导向系统的连续性,考虑各子系统之间的衔接以及周边系统的信息。

3）建筑导向系统完成自身系统的同时,应考虑对整个城市导向系统的作用及贡献,如提供周边公交设施的信息,起到周边区域定位的作用。

（5）安全性

建筑导向系统中各要素设置、导向要素的设置位置、设置高度、部件、工艺、材料等均不应对行人及观察者产生物理性危险。

A 2.3 建筑导向系统的构成

建筑导向系统通常可以依据人员活动区域导向对象不同，划分成各子系统，同时每个子系统又可进一步划分成各类型导向要素。

（1）子导向系统

划分子导向系统有助于细化公共信息导向系统的设置。在划分子系统时宜考虑以下方面：

1）人员流向：可按不同的人员流向划分子导向系统。

2）活动区域：可根据人员的不同活动区域划分子导向系统。

3）导向对象：可根据针对的不同导向对象使用相应的导向要素划分子导向系统。

（2）导向要素

根据公共信息导向系统的复杂程度和设置规模，公共建筑导向系统可由以下一种或多种导向要素构成（表A5）：

公共信息导向系统分类　　　　　　　　　　　　　　　表 A5

导向要素类型	导向要素定义
位置标识	由图形标识、文字构成，标明服务功能或公共设施所在位置的标识
导向标识	由图形标识、文字与方向符号构成，指示通往预期目的地行进方向的标识
信息标识	列出特定区域或场所内服务功能或公共设施位置信息索引的标识
平面示意图	显示特定区域或场所内服务功能或公共设施位置分布信息的示意图
街区导向图	提供街区内主要自然地理信息、公共设施位置分布信息和导向信息的简化地图
便携印刷品	便于使用者携带和随时查阅的导向资料
警示禁制标识	警示禁制标识是对警告、提示、禁止、制约四类标识的统称，在有需要警示、提示、禁止、说明的场所均可设置，用于满足运维需求，传达安全信息、提醒不文明行为等作用。

（3）导向要素设置方式：附着式、悬挂式、摆放式、柱式、台式、框架式、地面式（表A6、表A7）。

公共信息导向系统设置类型与设置方式　　　　　　　　表 A6

设置类型	设置方式
附着式	标识背面直接固定在物体上的设置方式
悬挂式	与建筑物顶部或墙壁连接固定的悬空设置方式
摆放式	可移动放置的设置方式
柱式	固定在一根或多根支撑杆顶部的设置方式
台式	附着在一定高度的倾斜台面上的设置方式
框架式	固定在框架内或支撑杆之间的设置方式
地面式	通过镶嵌、喷涂等方法将标识以平面方式固定在地面或地板上的设置方式

安装方式示例　　　　　　　　　　　　　　　　　　表 A7

设置类型	图　片		
附着式	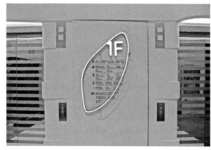		
悬挂式	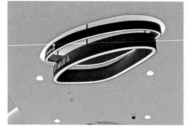		
摆放式			
柱式			
台式			

续表

设置类型	图　片
框架式	
地面式	

A3 导向要素举例

A 3.1 信息标识

信息标识分为综合信息标识和楼层信息标识。

综合信息标识是显示整个室内空间的布局图，显示特定室内空间服务功能、服务设施位置分布信息的平面图，以及相应设施设备的使用说明、简介、相关信息内容的标识。

楼层信息标识是显示指定楼层各个功能空间的平面空间布局图、空间信息、服务设施信息，供使用者对指定楼层信息有详细的了解的标识。

A 3.2 导向标识

导向标识是用于指引使用者在通往目的地的过程中使用的公共信息图形标识，便于使用者辨别方向，决策正确位置，选择行进路线，对前进方向有预示和强调作用的标识。导向标识可与地图信息相结合，满足快速指引、快捷服务等需求。

A 3.3 位置标识

位置标识是用以显示建筑名称、楼座编号、门牌号码以及售票处、卫生间、服务台、寄存处、电梯间等空间信息，使访客更加直接地寻找，确认目的地，帮助访客快速明晰当前空间的功能及当前位置等的信息。

A 3.4 警示禁制标识

警示禁制标识是确保安全，满足运维需求，传达安全信息以及提醒使用人群禁止不文明行为、注意周围环境，以避免可能发生的危险的特殊标识。

A 3.5 其他标识

用以提示运营信息、广告信息、宣教信息、知识科普和文化理念等信息的特色标识。

B

SectionB

设计策略

B1 建筑导向系统规划设计定位

　　导向系统是建筑环境和室内空间的重要组成部分，对建筑服务功能的实现、建筑形态风貌的表达具有关键性作用。导向系统的规划设计总体上应遵循"适用、经济、绿色、美观"的建设方针。

　　导向系统作为用户使用建筑空间和服务功能的信息工具，其系统建构与建筑空间息息相关，其规划设计与室内环境营造是一体共生的关系。导向系统的核心是服务于建筑室内空间的交通组织，帮助访客实现对建筑功能的使用。导向系统规划设计是根据建筑的空间布局和室内空间的具体使用功能，确立访客的目的地，寻路需求和寻路特征，形成合理的交通组织和客流动线，在交通和寻路节点设置标识，承载服务信息，实现全空间、全路径的信息指引。标识作为环境中的视觉要素，在实现服务功能的同时，对空间的整体感观和环境美学具有重要作用（图B1）。

图B1　标识、信息、空间关系图

建筑导向系统规划设计原则 B2

（1）客观性：导向系统的规划设计应以建筑空间环境的实际情况为基础，以访客的客观需求为依据，以实现建筑的主要功能和访客的客观需求为规划设计基础。

（2）直观性：导向系统的信息服务功能应体现直观的特点，以清晰简明的方式传达和体现设计理念。

（3）准确性：导向系统具有规划、设计、建设和运维等多个环节，并与建筑、内装、景观、机电等多专业交接配合，规划设计过程应确保所使用的相关数据、信息、位置等要素的准确性。

（4）规范性：导向系统的规划设计过程和成果应保证规范，项目调查、实地测量、设计资料及图形符号等应符合相关标准和法规要求。

（5）前瞻性：导向系统的规划设计应预期建筑的功能调整和使用的需求变化，并在设计成果中预留条件，以适应标识和信息的更新调整。

B3 建筑导向系统规划设计流程

建筑导向系统规划设计通常分成六个阶段，分别是：前期调查、概念设计、初步设计、深化设计、工艺设计、建设实施配合阶段。

B 3.1 前期调查

针对建筑项目相关资料的收集整理，可以包括：法律法规、地域特征、建筑功能特点、交通组织、目标受众、空间特点、规划设计等相关资料的收集。

通过调查、整理、分析，总结出影响导向系统设计的相关因素。

B 3.2 概念设计

这个阶段形成完整的建筑导向系统规划设计思路。

（1）明确建筑空间设计范围、设计原则、规划设置原则、信息原则，提出设计元素、设计风格。

（2）设计宜用文字、图形的形式，宜符合安全性、规范性、完备性、醒目性、系统性、人性化、个性化等原则，并充分考虑环保节能的需求。

（3）规划应明确功能区划分、动线信息分级、节点等相关原则。

B 3.3 初步设计

这个阶段的目的是形成若干种备选方案，以指导项目整体工作。主要包括以下工作：

（1）流线图、导向要素种类、信息元素列表（清单）的确认，初步形成导向要素布点图、预估导向要素数量。

（2）形成导向要素设计原则和安装工艺设计要求。

（3）形成导向信息版面设计规范。

（4）主要导向要素依据项目具体情况，如空间特点、流线复杂程度，可包括：位置标志、导向标志、平面示意图、信息索引标志、街区导向图、便携印刷品。

B 3.4 深化设计

这个阶段的目的应充分考虑与其他专业的协同设计，对已形成的规划设计方案进行补充完善，形成可执行的完整规划设计文件。

应充分确认各类导向要素的设置方式，既要符合相关标准的要求，又要保障导向功能的实现。

应与建筑设计、装饰设计、照明、交通、景观、消防等相关方面开展协同设计。

B 3.5 工艺设计

这个阶段主要明确导向要素的分类、面板、结构、发光效果和电气装置等工艺技术要求，参考《公共信息标志载体 第 1 部分：技术要求》GB/T 38651.1—2020。

B 3.6 建设实施配合阶段

这个阶段依据建筑空间环境、导向要素规划设置的点位，明确导向要素、标志载体在安装前、安装过程中的通用要求，以及立地类、悬挂类、附着类导向要素的安装要求和验收要求，参考《公共信息标志载体 第 3 部分：安装要求》GB/T 38651.3—2020。参考《公共信息标志载体 第 4 部分：维护要求》GB/T 38651.4—2020 中关于制作工艺及安装要求，明确导向要素的使用年限、维护维修方案。

B4 相关标准规范

B4.1 相关通用标准规范（表B1）

表B1

类别	标准规范名称		标准规范编号
符号	1. 图形符号 术语		GB/T 15565
	2. 图形符号表示规则	总则	GB/T 16900
		第2部分：理解度测试方法	GB/T 16900.2
	3. 标志用图形符号表示规则	公共信息图形符号的设计原则与要求	GB/T 16903
		第3部分：感知性测试方法	GB/T 16903.3
	4. 标志用公共信息图形符号	第1部分：通用符号	GB/T 10001.1
		第2部分：旅游休闲符号	GB/T 10001.2
		第3部分：客运货运符号	GB/T 10001.3
		第4部分：运动健身符号	GB/T 10001.4
		第5部分：购物符号	GB/T 10001.5
		第6部分：医疗保健符号	GB/T 10001.6
		第7部分：办公教学符号	GB 10001.7
		第9部分：无障碍设施符号	GB/T 10001.9
		第10部分：通用符号要素	GB/T 10001.10
	5. 图形符号 基于消费者需求的技术指南		GB/T 7291
	6. 安全防范系统通用图形符号		GA/T 74
	7. 火灾报警设备图形符号		GA/T 229
	8. 标志用公共信息图形符号 动物符号		GB/T 29625
	9. 印刷品用公共信息图形标志		GB/T 17695
	10. 设备用图形符号表示规则 第2部分：箭头的形式和使用		GB/T 16902.2
文字	1. 中国盲文		GB/T 15834
	2. 标点符号用法		GB/T 16159
	3. 汉语拼音正词法基本规则		GB/T 30240.1
	4. 公共服务领域英文译写规范	第1部分：通则	GB/T 30240.1
		第2部分：交通	GB/T 30240.2
		第3部分：旅游	GB/T 30240.3
		第4部分：文化娱乐	GB/T 30240.4
		第5部分：体育	GB/T 30240.5
		第6部分：教育	GB/T 30240.6
		第7部分：医疗卫生	GB/T 30240.7
		第8部分：邮政电信	GB/T 30240.8
		第9部分：餐饮住宿	GB/T 30240.9
		第10部分：商业金融	GB/T 30240.10
色彩	1. 安全色		GB 2893
	2. 图形符号 安全色和安全标志	第1部分：安全标志和安全标记的设计原则	GB/T 2893.1
		第2部分：产品安全标签的设计原则	GB/T 2893.2
		第3部分：安全标志用图形符号设计原则	GB/T 2893.3
		第4部分：安全标志材料的色度属性和光度属性	GB/T 2893.4

类别	标准规范名称		标准规范编号
色彩	3. 颜色的表示方法		GB/T 3977
	4. 颜色术语		GB/T 5698
	5. 视觉信号表面色		GB/T 8416
	6. 颜色标志的代码		GB/T 13534
	7. 中国颜色体系		GB/T 15608
	8. 建筑颜色的表示方法		GB/T 18922
	9. 安全色和安全标志 安全标志的分类、性能和耐久性		GB/T 26443
	10. 中国传统色色名及色度特性		GB/T 31430
	11. 中国古典建筑色彩		GB/T 18934
信息	1. 公共信息导向系统 设置原则与要求	第1部分：总则	GB/T 15566.1
		第2部分：民用机场	GB/T 15566.2
		第3部分：铁路旅客车站	GB/T 15566.3
		第4部分：公共交通车站	GB/T 15566.4
		第5部分：购物场所	GB/T 15566.5
		第6部分：医疗场所	GB/T 15566.6
		第7部分：运动场所	GB/T 15566.7
		第8部分：宾馆和饭店	GB/T 15566.8
		第11部分：机动车停车场	GB/T 15566.11
	2. 公共信息导向系统 导向要素的设计原则与要求	第1部分：总则	GB/T 20501.1
		第2部分：位置标志	GB/T 20501.2
		第3部分：平面示意图	GB/T 20501.3
		第4部分：街区导向图	GB/T 20501.4
		第6部分：导向标志	GB/T 20501.6
		第7部分：信息索引标志	GB/T 20501.7
	3. 公共信息导向系统 基于无障碍需求的设计与设置原则		GB/T 31015
	4. 安全信息识别系统 第2部分：设置原则与要求		GB/T 31523.2
	5. 公共信息标志 材料、构造和电气装置的一般要求		GB/T 31521
安全	1. 应急导向系统 设置原则与要求	第1部分：建筑物内	GB/T 23809.1
		第2部分：建筑物外	GB/T 23809.2
		第3部分：人员掩蔽工程	GB/T 23809.3
	2. 安全标志及其使用导则		GB 2894
	3. 消防安全标志 第一部分：标志		GB 13495.1
	4. 消防安全标志设置要求		GB 15630
	5. 疏散平面图 设计原则与要求		GB/T 25894
	6. 消防应急照明和疏散指示系统		GB 17945
	7. 消防救生照明线		GB 26783
	8. 消防信息代码 第22部分：消防安全重点部位防火标志设立情况分类与代码		GA/T 974.22
	9. 消防安全标志通用技术条件	第1部分：通用要求和试验方法	GA 480.1
		第2部分：常规消防安全标志	GA 480.2
		第3部分：蓄光消防安全标志	GA 480.3
		第4部分：逆反射消防安全标志	GA 480.4
		第5部分：荧光消防安全标志	GA 480.5
		第6部分：搪瓷消防安全标志	GA 480.6
	10. 应急导向系统 评价指南		GB/T 35413

B4.2　相关公共建筑设计标准规范（表B2）①

表B2

建筑类型	标准规范名称	规范编号	相关内容
办公建筑	1、智能建筑设计标准	GB 50314—2015	
	2、公共就业和人才服务机构设施设备要求	GB/T 33553—2022	5.1　消防设施设备 装修设计、疏散通道防火要求应符合 GB 50222 的规定。消防安全标志的设计应符合 GB 13495.1 的规定。消防安全标志的设置应符合 GB 15630 的规定。消防设施设备及维护应符合 GA 587 的规定。 附录A　前台服务区（大厅）—设施设备中含导引标志
教育建筑	1、宿舍建筑设计规范	JGJ 36—2016	3.2.10　宿舍区域应设置标识系统。 宿舍区的规划设计，涵盖了宿舍区内的各种公共服务设施、活动场地、若干楼群和道路，应对各个设施加以明显标识，小区入口宜有规划总图标志，楼内应有楼层平面图、疏散出口指示等标识
	2、图书馆建筑设计规范	JGJ 38—2015	6.4.6　图书馆需要控制人员随意出入的疏散门，可设置门禁系统，但在发生紧急情况时，应有易于从内部开启的装置，并应在显著位置设置标识和使用提示。 8.4.7　图书馆宜设置信息发布及信息查询系统。信息显示装置宜设置在入口大厅、休息厅等处；自助信息查询终端宜设置在入口大厅、出纳厅、阅览室等处
	3、科研建筑设计标准	JGJ 91—2019	5.2.1　对限制人员进入的实验区或室应设置显著的警示性装置标识，危险化学品的存放和使用区域应有显著的标识，并符合现行国家标准《化学品分类和危险性公示 通则》GB 13690 的规定
博览建筑	1、博物馆建筑设计规范	JGJ 66—2015	1.0.5-6　在建设全过程中对展陈、环境、装修、标识、信息管理系统、安全防范工程等进行协调设计
	2、展览建筑设计规范	JGJ 218—2010	
	3、文化馆建筑设计规范	JGJ/T 41—2014	4.1.10　文化馆内的标志标识系统设计应满足使用功能需要，并应合理设置位置，字迹应清晰醒目
观演建筑	1、剧场建筑设计规范	JGJ 57—2016	8.2.2-4　应采用自动门闩，门洞上方应设疏散指示标志。 8.2.3　观众厅应设置地面自发光疏散引导标志。 10.3.13　剧场的观众厅、台仓、排练厅、疏散楼梯间、防烟楼梯间及前室、疏散通道、消防电梯间及前室、合用前室等，应设应急疏散照明和疏散指示标志，并应符合下列规定： （1）除应设置疏散走道照明外，还应在各安全出口处和疏散走道，分别设置安全出口标志和疏散走道指示标志。 （2）应急照明和疏散指示标志连续供电时间不应小于 30min
	2、电影院建筑设计规范	JGJ 58—2008	

① 本表中标准规范条文应为现行标准规范条文，请读者实际使用时注意标准规范的更新。

建筑类型	标准规范名称	规范编号	相关内容
医疗建筑	1、综合医院建筑设计规范	GB 51039—2014	4.2.5-2　应对绿化、景观、建筑内外空间、环境和室内外标识导向系统等作综合性设计。 5.1.3　医院应设置具有引导、管理等功能的标识系统，并应符合下列要求：（1）标识系统可采用多种方式实现；（2）标识导向分级宜按表4设置。 5.1.13-6　无障碍专用卫生间和公共卫生间的无障碍设施与设计，应符合现行国家标准《无障碍设计规范》GB 50763的有关规定。 5.25.5　医疗用房应设疏散指示标识，疏散走道及楼梯间均应设应急照明。
	2、精神专科医院建筑设计规范	GB 51058—2014	4.1.3　院区内应设置具有引导、管理等功能的标识系统。
体育建筑	1、体育场馆公共安全通用要求	GB/T 22185—2008	
交通建筑	1、交通客运站建筑设计规范	JGJ/T 60—2012	
	2、城市轨道交通客运服务标志	GB/T 18574—2008	4.1　基本原则 4.1.1　客运服务标志应能给乘客必要的导向、提示和警示，以方便乘客，确保安全，利于客运组织。 4.1.2　客运服务标志应包括安全标志、导向标志、位置标志、综合信息标志，应形成完整的客运服务标志系统。 4.1.3　客运服务标志应规范、协调、清晰、明确、易懂、易辨、易记，设置适当。应根据需要进行及时调整，以利于持续改进和提高服务水平。
	3、城市道路公共交通站、场、厂工程设计规范	CJJ/T 15—2011	2.3.7　大型枢纽站和综合枢纽站应在显著位置设置公共信息导向系统，条件许可时宜建电子信息显示服务系统。公共信息导向系统应符合现行国家标准《公共信息导向系统设置原则与要求第4部分：公共交通车站》GB/T 15566.4的规定
	4、车库建筑设计规范	JGJ 100—2015	
商业建筑	1、商店购物环境与营销设施的要求	GB/T 17110—2008	
	2、商店建筑设计规范	JGJ 48—2014	5.2.4　商店营业区的疏散通道和楼梯间内的装修、橱窗和广告牌等均不得影响疏散宽度。

B5 推荐优先选用的国家标准图形符号

本部分摘自 GB/T 10001 系列《公共信息图形符号》，由全国图形符号标准化技术委员会（SAC/TC 59）提供并归口。

方向 Direction	入口 Entrance	出口 Exit	出入口 Entrance And Exit	上楼楼梯 Stairs Up	下楼楼梯 Stairs Down	楼梯 Stairs	地下通道 Underpass
上行自动扶梯 Escalator Up	下行自动扶梯 Escalator Down	自动扶梯 Escalator	电梯 Elevator/ Lift	货梯 Elevator for Goods	男卫生间 Men	女卫生间 Women	卫生间 Restrooms
冲水按钮 Flush Button	卫生纸 Toilet Paper	擦手纸 Tissue	座便器垫圈纸 Toilet Seat Covers	盥洗间 Washroom	感应出水 Automatic Sensor Faucet	洗手液 Hand Lotion	干手器 Hand Dryer
饮用水 Drinking Water	开水 Boiled Water	商场；购物中心 Shopping Area	超级市场 Supermarket	银行 Bank	结账；收银 Check-out; Cashier	哺乳室 Baby Care	等候区 Waiting Area
会议室 Conference Room	餐饮 Restaurant	中餐 Chinese Cuisine	快餐 Snacks	酒吧 Bar	咖啡 Coffee	贵宾 Very Important Person	信息服务 Information
问讯 Enquiry	停车场 Parking	室内停车场 Covered Parking	自行车停放处 Bicycle Parking	图像采集区域 Video	手机充电 Mobile Phone Charging	耳机插座 Earphone Outlet	废物箱 Rubbish Bin
允许吸烟 Smoking Allowed	靠右站立 Stand On Right	安静 Quiet	紧急呼救按钮 Emergency Button	请勿触摸 No Touching	请勿携带宠物 No Pets	请勿拍照 No Photography	请勿吸烟 No Smoking

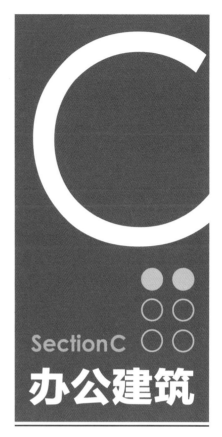

SectionC

办公建筑

导向系统

C1 办公建筑导向系统的基本概念

C1.1 办公建筑的基本概念

[1] 中国建筑工业出版社, 中国建筑学会. 建筑设计资料集 第3分册 办公·金融·司法·广电·邮政 [M]. 北京: 中国建筑工业出版社, 2017

办公建筑是以党政机关、人民团体和企事业单位等为使用对象，以信息处理、研究决策和组织管理为主要工作方式，办理行政事务、从事生产经营与管理活动的场所，满足处理业务需求和提供办公、会议为主要使用功能的建筑空间。[1]

C1.2 办公建筑的基本类型

办公建筑根据建筑特征和使用对象，可划分为政务办公、总部办公、商务办公、公寓式办公。办公建筑因类型和服务功能的不同，对于导向系统的使用需求也有差异（表C1）。

办公建筑的基本类型和导向需求概要 表 C1

类型	使用对象	空间特点	导向系统的使用需求
政务办公	党政机关人员、人民团体、公务服务接待访客及事务活动访客	通常包含内部使用的办公空间和对外服务的接待空间。办公空间通常布局严整、组织有序；接待空间根据服务功能进行空间布局和交通组织，运营管理集约高效	• 对内的办公空间和对外的接待空间分别服务于不同类型的使用人群，对导向系统的需求有着明显差异。 • 办公空间的导向系统关注空间布局和职能分布。 • 接待空间的导向系统关注业务特点和服务流程，使用人群的陌生程度较高，对导向系统的依赖程度较大
总部办公	企业管理人员，企业从业人员及部分企业访客	办公空间复杂，功能齐全，企业形象鲜明。根据企业的经营需求进行功能布局和交通组织	• 企业独立使用，服务功能完全体现企业的运营需求，形象风格以展现企业的形象特点为主。 • 根据企业的组织需要和运营特点形成系统规划。与建筑室内的空间营造协调统一，风格一致
商务办公	商务工作人员、办公租户、从业人员、物业管理人员及访客	建筑形态和规模具有多样性特点，通常以单元式划分空间以适应不同类型企业的需求。入驻企业的差异性较大，流动性较强。访客群体的类型和需求较为复杂，来访时间不固定。通常有专业的物业管理单位进行运营管理	• 主要范围为办公建筑的公共空间，一般引导至企业办公区域入口，不包含业务用房内部空间。 • 关注入驻企业的数量和信息
公寓式办公	公寓住户、公寓租户、从业人员、物业管理人员及访客	主要满足小型公司与家庭办公的特点和需求，公共空间相对局促，采用公寓式的管理方式	• 一般楼层中租户较多，更多地关注楼层中对于房间或是租户的引导。 • 关注公共空间中功能布局的变化

注：当办公功能作为其他类型建筑的附属功能时，其用房配置和组织管理方式的确定应结合主导业务的需求综合判定。办公建筑室内导向系统同样适用于其他类型建筑的办公空间。

C1.3 办公建筑导向系统的概述

办公建筑导向系统是办公建筑室内细部设计的重要内容，主要服务范围以办公建筑的内部空间为主，同时关注外部功能空间、防火分区、避难层、消防系统等公共交通空间。办公建筑导向系统的规划应立足于办公功能空间及环境特点，从建筑空间流线分析入手，考虑访客、办公人群的行为模式，完成空间设置位置、布点和标识设计。

C 1.4 办公建筑导向系统的主要特点

（1）功能特点

1）空间设置规划合理，引导访客到达目的地寻路流线简捷、识别效率高；

2）标识信息呈现准确、统一、连续，实现空间引导功能；

3）满足综合办公业务对于办公空间的功能需求，符合办公流程，为使用者提供迅捷、高效的空间引导；

4）导向标识形态应考虑办公空间的安全性，宜采取圆角设计，避免过于尖锐的设计。

（2）美学特点

1）导向标识与空间界面结合紧密，部品化产品属性强，室内一体化设计程度高；

2）导向标识延续环境的设计风格，呈现形式相对简洁；

3）导向标识的整体色彩和材质运用，与空间环境的设计元素、设计风格和谐统一；

4）导向标识的体量关系与空间模数协调。

（3）运营维护的特点

1）办公建筑导向标识的信息承载量大，需适应较高频率的更换；

2）逐步增加科技、智能技术，例如电子显示屏、电子触摸屏以及智能查询收费等设施，加强互动感、体验感。

C2 办公建筑空间环境构成及行为模式

C 2.1　空间环境的构成

根据办公访客的活动流程，办公建筑的空间可划分为入口空间、垂直交通空间、水平交通空间、办公区域、服务区域和后勤区域等。具体包括：

入口空间——建筑的出入口、大堂、门厅和地下停车场门厅等；

垂直交通空间——电梯（问）、扶梯和楼梯（间）等；

水平交通空间——走廊、通道、连廊和转换层等；

办公区域——办公室、接待室、资料室和档案室等；

服务区域——卫生间、茶水间和休息室等；

后勤区域——清洁间、监控室和设备用房等。

C 2.2　服务人群分析

（1）访客

办公一般来访者对空间布局相对陌生，需依靠导向系统来满足访客人群对建筑空间功能分区的了解，以完成寻路需求。

（2）常驻办公人群

常驻办公人群是办公、行政人员，他们长期在熟悉的环境中工作，对建筑内部的空间已经形成了比较详细的认知，对于各个功能空间的相对位置也较为了解，因此对标识信息的依赖较少。

（3）管理服务人员

办公管理、物业、后勤、安保等管理服务人员对公共空间的环境较为熟悉，对导向标识的依赖较弱，但对区域功能、设备设施、维护维修的标识需求明显。

C 2.3　美观性原则

办公建筑的行为模式取决于内部的空间结构和交通组织流线。办公建筑交通流线主要有：办公流线、服务流线、物品流线三大类。办公建筑导向系统研究主要基于办公流线、服务流线展开，主要是引导外来访客在办公建筑室内的寻路过程。以访客在建筑空间内的行动模式为基础，在不同的空间节点、不同的决策节点给予访客不同的信息呈现和标识引导，帮助访客做出寻路方向判断。

对访客进入办公建筑的行动路线进行模拟细分和研究，形成流线图（图C1）。从建筑入口、经大堂、电梯（间）、通道抵达办公空间实现完整办公建筑访客寻路过程。访客行动流程模式的简图可以作为导向系统设计的基础，这个基础使设计人员拥有从总体规划到细部设计均可遵从的原则、程序和方法。

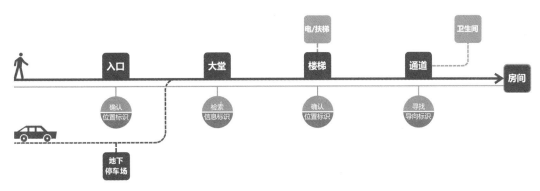

图 C1 办公建筑访客行为模式

访客办理业务不同，目的地也不同。一般比较注重大堂空间的大交通枢纽功能。该功能区承载着全楼业务布局的信息发布，以及楼层入口空间对于本楼层业务布局的信息呈现，同时承载着交通功能，帮助访客识别空间布局确认目的地方向。

总部办公建筑对于访客的管理相对严格，人工服务较多，需要登记允许后才能进入目的区域系统，如部门、工位、会议室等。标识延伸至办公区域内部，对于标识的系统要求更加综合全面。

商务办公建筑和公寓式办公建筑的公共空间都相对开放，主要从三个层面完成空间引导：大堂空间需要提供建筑总体空间布局及入驻企业信息；楼层入口空间需要提供楼层入驻企业信息及企业所在房间房号、方向、路径信息；走廊通道空间需要提供房间房号、位置信息，确认位置抵达。

C 2.4 办公建筑环境对导向系统的需求

办公建筑环境根据空间类型、空间功能、空间环境特点，对导向标识的需求和配置有所差异（表 C2、表 C3）。

入口空间作为访客进入办公建筑的首要空间，需设置综合信息标识，呈现整个建筑的空间布局、入驻企业信息、管理信息等内容，满足访客在入口空间进行索引和判断的需求。

垂直交通空间需有明确的位置标识，尤其是对于可达楼层不一致的交通核，需要明确的指引和位置标示。对于抵达目的楼层空间区域，需要设置楼层综合信息标识，显示本楼层空间布局及入驻企业信息等。

水平交通空间是连接交通核、办公区域、服务区域、后勤区域的通道，需在决策节点设置客流导向标识，对各功能用房进行明确的指引和分流。

对于寻路末端的办公区域、服务区域、后勤区域需设置位置标识，明确用房的名称、编号和功能等。

警示禁制标识是对警告、提示、禁止、制约四类标识的统称，在有需要警示、提示、禁止、说明的场所均可设置。

办公建筑各类空间对导向系统的配置需求　　　　　　　表 C2

空间环境		信息标识		导向标识	位置标识	警示禁制标识
		综合信息标识	楼层信息标识			
入口空间	建筑出入口				●	●
	大堂、门厅	●		○	○	●
	地下停车场门厅等	●			●	●
垂直交通空间	电梯（间）		●		●	●
	扶梯		●		○	○
	楼梯（间）		○		●	○
水平交通空间	走廊、通道、连廊、转换层等			●		●
办公区域	办公室、接待室、会议室、洽谈室等				●	○
	资料室、档案室等				●	○
服务区域	洗手间、茶水间、休息室等				●	●
后勤区域	清洁间、监控室、设备间等				●	○

● 应设置

○ 宜设置

办公建筑标识信息系统对应表　　　　　　　表 C3

标识类型 ＼ 信息类别		空间信息（楼座、楼层等）	交通信息（楼梯、电梯、扶梯等）	办公用房信息（房间号、房间功能名称等）	服务信息（卫生间、茶水间、文印室等）	管理信息（规定、制度等）	警示禁制信息（警告、提示等）
标识类型	信息标识	●	●	●	●	○	●
	导向标识	●	●	●	●		
	位置标识	●	●	●	●		○
	警示禁制标识				○		●

● 应设置

○ 宜设置

办公建筑导向系统规划设置导则

C 3.1　概述

办公建筑导向系统设置空间主要包含入口空间、垂直与水平交通空间、办公区域、服务区域以及后勤区域。依照空间功能使用要求、结合访客流线及行为模式，设置不同类型的标识满足功能需求。主要包括信息标识、导向标识、位置标识、警示禁制标识等。

实际应用项目案例中通常依据空间环境、功能性质、业主要求等，拟定更细分的标识名称。如本章实例涉及的标识有：电梯间楼层标识、电梯可达楼层标识、楼层索引标识，其同属于信息标识；电梯编号、办公室、卫生间、设备间、步梯间门牌标识、消防电梯门牌，其同属于位置标识；消防疏散图属于警示禁制标识。

C 3.2　入口空间

入口空间主要涉及导向系统中的信息标识、导向标识、位置标识、警示禁制标识。

办公建筑入口空间（图 C2、图 C3）导向系统的设计能直接反映办公建筑的规模和办公性质，需要合理控制尺度，重视交通流线规划，区分内部人员和外部访客的路径，结合门厅值班、警卫的功能设置，保证办公区域的安全和使用效率。

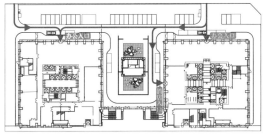

图 C2　入口空间流线图

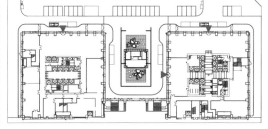

图 C3　入口空间点位图

N
▲
图C2、图C3图例
▲ 建筑入口位置标识
S＝1：2000

办公建筑入口空间是访客确认目的地、了解基本建筑布局的空间。根据空间流线分析，应设置位置标识，明确标注建筑名称、楼座编号、门牌号码信息。通常采用依附式标识设置于入口正门或者雨篷的上方，或采用矗立式标识设置在入口两侧（图 C4、图 C5）。根据设置位置、信息内容及入口建筑空间环境确定标识的形式、尺度、色彩和发光方式。

图 C4　入口空间标识（依附式）

图 C5　入口空间标识（矗立式）

　　在大堂等室内入口空间，以空间环境和流线分析为基础，设置综合信息标识、导向标识、位置标识和警示禁制标识（图 C6、图 C7）。其中，综合信息标识通常设置在门厅入口，常见形式有矗立式和依附式（图 C8）。在出入口、消防疏散和服务台等空间节点设置位置标识，形象宜简洁明了，直接反映空间功能信息，通常以依附式为主。依照实际情况可在空间节点上设置导向标识，引导访客到达电梯、楼梯、扶梯等目的地，通常以依附式为主，形式根据空间和设计风格而定。

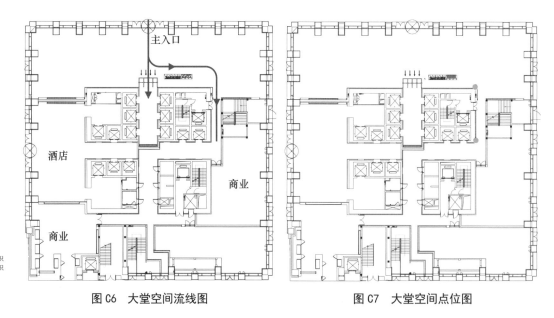

图C6、图C7图例
➡ 空间流线
▬ 大堂综合信息标识
● 室内客流导向标识
S＝1：650

图 C6　大堂空间流线图　　　　　　　图 C7　大堂空间点位图

图 C8　大堂空间标识

C 3.3　垂直交通空间

垂直交通空间主要涉及标识系统中的信息标识、位置标识、警示禁制标识。

办公建筑中的楼梯与电梯等垂直交通设计，对解决大量办公人群纵向分流十分重要。垂直交通空间设计应满足办公建筑的使用功能、设备布置和结构安全可靠性的要求，方便人员使用，达到消防疏散标准。一般高层及超高层办公建筑均以电梯作为主要的垂直交通形式，楼梯（间）则是辅助的垂直交通核及重要的消防疏散交通核。不同类型的办公建筑，垂直交通空间的布置位置、数量不一样，对导向系统的需求也有所不同。

通常在垂直交通空间（图 C9、图 C10）设置楼层信息标识、位置标识以及警示禁制标识，常见形式为依附式（图 C11）。

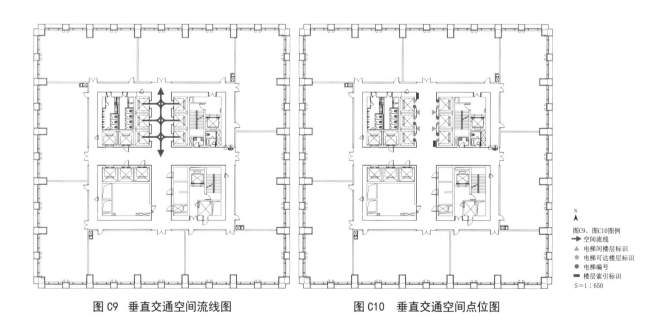

N
↑
图C9、图C10图例
→ 空间流线
▲ 电梯间楼层标识
● 电梯可达楼层标识
● 电梯编号
■ 楼层索引标识
S=1：650

图 C9　垂直交通空间流线图　　　　图 C10　垂直交通空间点位图

图 C11　垂直交通空间标识（依附式）

C 3.4　水平交通空间

水平交通空间主要涉及标识系统中的导向标识、警示禁制标识。

走廊的设计应符合消防疏散要求，走廊宽度需满足办公建筑设计规范最小净宽要求，并考虑吊顶内管线排布空间需求。公共区域的管理用房、设备用房及垂直交通设施都应通过走廊方便到达。水平交通空间（图 C12、图 C13）通常设置导向标识以及警示禁制标识，导向标识主要对房间功能信息提供分流引导，警示禁制标识用于紧急情况的人员疏散，常用依附式、悬挂式（图 C14、图 C15）。

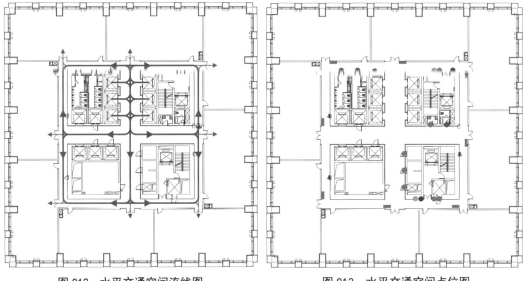

N

图C12、图C13图例
→ 空间流线
▬ 办公室门牌
■ 卫生间门牌
● 设备间门牌
● 楼梯间门牌
● 消防疏散图
● 消防电梯门牌
▬ 消火栓位置标识
S＝1∶650

图 C12　水平交通空间流线图　　　　图 C13　水平交通空间点位图

图 C14　水平交通空间标识（依附式）

图 C15 水平交通空间标识（悬挂式）

C 3.5 办公区域

办公区域主要涉及标识系统中的信息标识、位置标识、警示禁制标识。

按办公性质与使用要求确定办公空间形式，通常采用走廊单元式布局，按走廊与房间的组合方式不同可分为中走廊式、单走廊式及中庭或庭院式三种基本类型。应根据办公单元面积大小合理控制开间进深，创造自然通风、采光良好的办公环境。但无论哪种类型，都以办公空间为主（图 C16），办公空间划分、组合比较灵活、丰富，需设置各个功能空间的位置标识，以标示空间的具体所属位置和名称，常用依附式（图 C17）。根据实际情况可设置警示禁制标识。

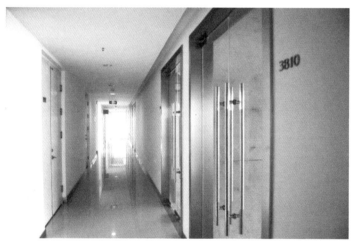

图 C16 办公区域标识（依附式）

图 C17 办公区域标识（依附式）

C 3.6　服务区域

服务区域主要涉及标识系统中的位置标识、警示禁制标识。

除洗手间、茶水间、休息室等一般性服务用房外，还应重点关注员工餐厅、文印中心、电话及计算机机房、档案室、安保警卫室等有特定需求的服务用房的设计（图 C18）。这一区域包含具体的功能空间，应设置具体的位置标识以及警示禁制标识，明确各个空间的职能，常见形式为依附式。

图 C18　服务区域标识（依附式）

C 3.7　后勤区域

后勤区域主要涉及标识系统中的信息标识、位置标识、警示禁制标识。

办公建筑的运行及管理模式与平面功能布局及划分具有较强的关联性。不同的管理方式对其功能分区、交通组织、设备系统和物业计费等方面的设计有不同的影响。因此，应针对不同的运行与管理要求开展设计。管理方式可分为集中物业管理、分区或分散管理和混合管理等几种方式。各类管理用房、设备用房、后勤用房需设置位置标识，明确空间功能，常见形式为依附式（图 C19）。

图 C19　后勤区域标识（依附式）

办公建筑导向标识设计导则

C 4.1 概述

办公建筑导向系统按照服务功能和载体形式的不同，主要包括信息标识、导向标识、位置标识、警示禁制标识，这四类标识的设计和设置需要从标识在空间环境中的尺度关系、标识形体与色彩、平面要素、标识工艺设计四个层次综合考虑，在明确标识功能的基础上，进一步确定标识的信息内容、设置与安装形式等，提高标识的视觉美学，并与空间环境充分融合。

C 4.2 信息标识设计

（1）功能

信息标识从所属空间类型可细分为综合信息标识和楼层信息标识。

综合信息标识应显示整个办公建筑平面空间布局图（包含楼层分布、分楼层房间布局、服务设施位置分布、后勤用房分布等的总导览平面图）、入驻企业信息、公共服务设施信息、管理信息等，供访客对整个办公建筑有完整、全面的了解。

（2）信息内容

信息内容涉及办公空间的总导览图、入驻企业名称、使用说明、公约条款、宣传信息、空间介绍及其他相关说明性信息等。

（3）形式示意（图 C20 ～图 C23）

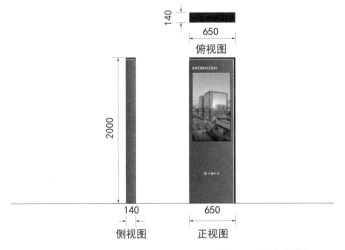

项目名称：北京中粮置地广场
标识类型：信息标识
标识说明：标识独立设计
材料工艺：不锈钢板烤漆制作，信息雕刻镂空，亚克力嵌平发光，平面图丝印，LOGO平板 UV
安装方式：矗立式

图 C20 信息标识

项目名称：北京中粮置地广场
标识类型：信息标识
标识说明：根据环境与玻璃墙面结合设计
材料工艺：玻璃表面丝网印刷信息
安装方式：依附式

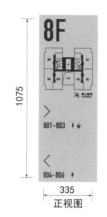

图 C21　信息标识一

项目名称：嘉铭东枫产业园
标识类型：信息标识
标识说明：标识与服务台一体化设计
材料工艺：不锈钢板烤漆，切割制作立体字；
　　　　　37 电子显示屏
安装方式：依附式

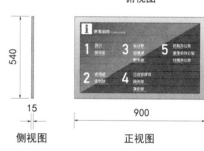

图 C22　信息标识二

项目名称：嘉铭东枫产业园
标识类型：信息标识
标识说明：结合墙面模数关系设计
材料工艺：铝板烤漆制作；水条信息丝网印、
　　　　　可更换
安装方式：依附式

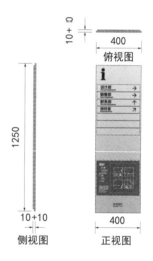

图 C23　信息标识三

C 4.3　导向标识设计

（1）功能

用于指引使用者在通往目的地过程中使用的导向类标识，对前进方向有预示、强调、分流的作用。

（2）信息内容

由图形符号、文字信息和箭头符号等组合，内容包括地点、方向，必要时体现距离等信息。

（3）形式示意（图 C24 ～图 C26）。

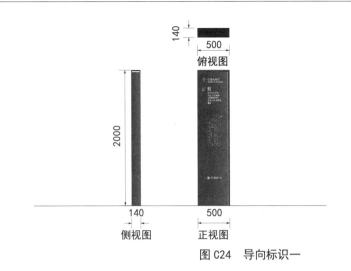

图 C24 导向标识一

项目名称：北京中粮置地广场
标识类型：导向标识
标识说明：标识独立设计
材料工艺：不锈钢板烤漆制作，信息雕刻镂空，亚克力嵌平发光，平面图丝印，LOGO平板UV
安装方式：矗立式

图 C25 导向标识二

项目名称：北京达美中心
标识类型：导向标识
标识说明：金属制作立体字
材料工艺：竖拉丝不锈钢板，激光雕刻立体字
安装方式：依附式

图 C26 导向标识三

项目名称：郑州绿地中心千玺广场
标识类型：导向标识
标识说明：结合墙面制作立体字
材料工艺：白色可丽耐切割立体字、抛光，箭头背衬半透磨砂亚克力
安装方式：依附式

C 4.4 位置标识设计

（1）功能

办公建筑寻路的最终目的地是办公功能房间或区域。位置标识及编号是用于标示房间功能、服务设施或服务功能所在位置的。

（2）信息内容

由图形符号和文字信息等组成，当同一种空间功能、服务设施重复出现时，建议对其进行编号以示区别，编号的命名应遵循体系化、逻辑化以便于记忆。

（3）形式示意（图 C27 ～图 C29）

项目名称：
北京中粮置地广场
标识类型：
位置标识
标识说明：
结合墙面设计
材料工艺：
左四图：不锈钢板制
作立体字，表面腐蚀、
内凹、填漆
最右图：墙面涂刷
安装方式：
依附式

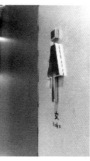

图 C27　位置标识一

C

Section C
办公建筑

项目名称：
北京达美中心
标识类型：
位置标识
标识说明：
独立标识形式
材料工艺：
竖拉丝不锈钢板制作面
板，信息表面丝网印刷
安装方式：
依附式

图 C28　位置标识二

项目名称：
郑州绿地中心千玺广场
标识类型：
位置标识
标识说明：
结合墙面设计
材料工艺：
左图：不锈钢板激光切
割立体字、抛光
中、右图：不锈钢板表
面腐蚀自然肌理，不锈
钢板激光雕刻、振磨镀
青铜
安装方式：
依附式

图 C29　位置标识三

C 4.5　警示禁制标识设计

（1）功能

满足运营管理需求、传达安全信息、提醒关注环境、禁止不安全行为、避免发生危险。

（2）信息内容

由图形符号和文字信息构成，显示警告、提示、禁止、限制等信息。

（3）形式示意（图 C30）

项目名称：
北京中粮置地广场
标识类型：
警示禁制标识
标识说明：
根据环境和需求设置
材料工艺：
左图：不锈钢板蚀刻填
漆
中图：丝网印刷
右图：不锈钢板折弯制
作主体，表面烤漆，信
息丝网印刷
安装方式：
依附式、矗立式

图 C30　警示禁制标识

办公建筑导向系统工程案例 C5

名称	项目类型	建筑规模	项目地点
汉街总部国际（图 C31～图 C34）	商务办公建筑	约 50 万 m^2，高度 180m	武汉

项目特点：

按照低碳、智能的标准设计的 8 栋 5A 级写字楼。

室内空间环境构成特点及寻路要点：建筑多入口的空间流线。分建筑的主次入口，将主要建筑入口作为设计的主要形象考虑。

室内导向标识空间设置特点：高低分区的交通核设计。基于访客流线和入口空间视角的研究，确认合适的高低区标识位置和尺度。

室内导向标识设计特点：限额成本与高设计品质的要求。在有限的成本与设计高品质追求的矛盾关系中，从 3 类空间进行层次上的区分：面向访客的第一空间——大堂（包含大堂、交通核等公共空间），采用不锈钢板与亚克力结合设计的工艺；标准层的公共空间次之；后场辅助的管理空间，以功能为主，采用亚克力材料。从设计手法、材质应用从不同的空间加以区别，从而控制成本。

标识生产特点、完成效果特点：多专业的协作、工程质量的严格控制，最终实现项目理想效果

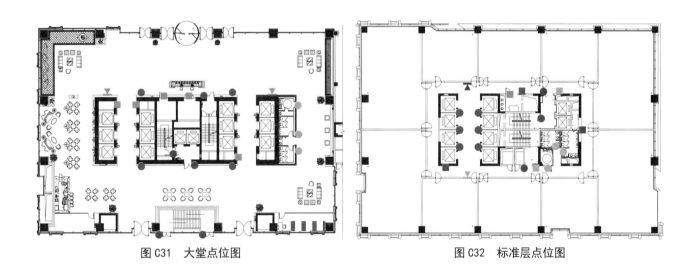

图 C31 大堂点位图　　　　　　　　图 C32 标准层点位图

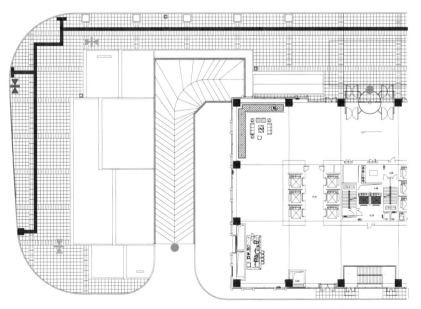

图 C33 室外点位图

图例	名称
▼	大堂综合信息标识
▼	楼层综合信息标识
▼	客流导向标识
▼	车辆导向标识
●	入口位置标识
●	楼梯间位置标识
●	卫生间位置标识
●	电梯间位置标识
■	设备间位置标识
■	消火栓位置标识
■	消防疏散图位置标识
■	警示禁制标识

图 C34 汉街国际总部导向系统

名称	项目类型	建筑规模	项目地点
嘉铭东枫产业园（图 C35～图 C38）	商务办公	2.4 万 m²	北京

项目特点：

嘉铭东枫产业园是北京目前罕有的城市商务花园项目，在建设初期即获审批成为北京首家获得 LEED 铂金预认证的城市商务花园项目。

标识特点：

项目由东塔、西塔、北塔三座主建筑构成，中心设有下沉式中央广场，每栋设有平台花园和屋顶花园，形成立体式的花园景观。各塔首层为双层挑高阳光大堂，可以用作企业展厅。项目标识系统采用竖向线条语言，以简洁的表达手法，勾勒项目的气质和品质

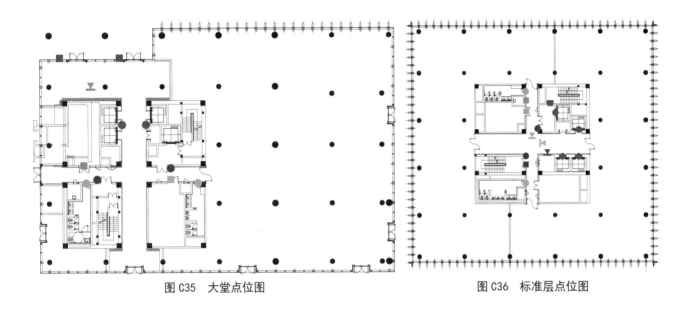

图 C35 大堂点位图　　　　　　　　　　　　　图 C36 标准层点位图

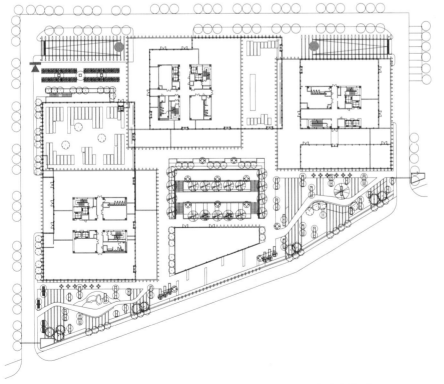

图例	名称
▼	大堂综合信息标识
▼	楼层综合信息标识
▽	客流导向标识
▼	车辆导向标识
●	入口位置标识
●	楼梯间位置标识
●	卫生间位置标识
●	电梯间位置标识
■	设备间位置标识
■	消火栓位置标识
■	消防疏散图位置标识
■	警示禁制标识

图 C37 室外点位图

图 C38　嘉铭东枫产业园导向系统

名称	项目类型	建筑规模	项目地点
郑州绿地中心千玺广场（图 C39～图 C42）	商务办公	建筑面积 24 万 m²，主楼高 280m	郑州

项目特点：
郑州市地标建筑，位于郑东新区 CBD 核心区的中央轴线上，商业配套为顶级商业，办公为甲级高档，项目整体定位高端。

标识特点：
5～35 层为办公楼层，分为低区办公楼层（5～19 层）与高区办公楼层（20～35 层），在一层大堂进行高低区分流。室内标识设计以"印玺"为设计主题，以"阴阳"的形象特征，结合室内环境通道"内环、外环"不同的装饰面层和风格，创造同一主题下的不同标识。内环标识采用不锈钢腐蚀镀青铜，表达"坚实、稳固、高品质"的气质。外环标识采用半透磨砂亚克力和白色可丽耐材质，表达"轻灵、融合"的感觉，创造与室内环境和谐的高品质标识设计

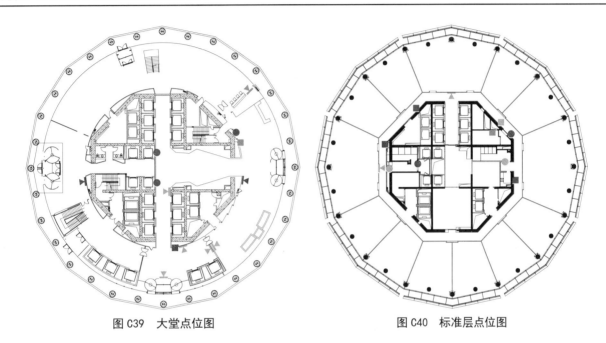

图 C39 大堂点位图　　　　图 C40 标准层点位图

图 C41 室外点位图

图例	名称
▼	大堂综合信息标识
▼	楼层综合信息标识
▼	客流导向标识
▼	车辆导向标识
●	入口位置标识
●	楼梯间位置标识
●	卫生间位置标识
●	电梯间位置标识
■	设备间位置标识
■	消火栓位置标识
■	消防疏散图位置标识
■	警示禁制标识

图 C42　郑州绿地中心千玺广场导向系统

名称	项目类型	建筑规模	项目地点
北京达美中心（图C43～图C46）	商务办公	总建筑面积达35万㎡	北京

项目特点：

这是一座融合现代德式建筑风格与东方传统文化精神的高端商务综合体。项目以四栋建筑围合布局，中庭呈十字轴线，配以地上、空中双重园林，取意传统四合院"容天纳地"之境。立面风格简约大气，采用高档石材、单元式Low-E玻璃精工构筑，恒久经典。项目主入口以国家博物馆为蓝本，打造23m高的廊柱群，庄严伟岸。其拥有的150m区域第一建筑高度，奠定了达美中心在CBD东扩核心区的地标形象。

标识特点：

项目标识设计延续德式极简风格，以考究的工艺材料与建筑融为一体。在保证标识功能的前提下，在位置、尺度等方面传承建筑模数关系，营造简洁大气的视觉秩序

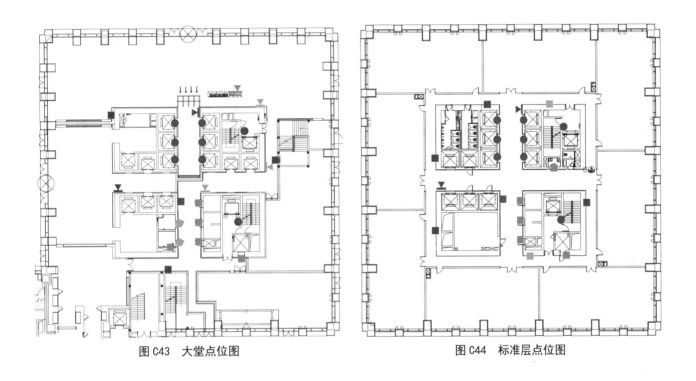

图C43　大堂点位图　　　　　　　　图C44　标准层点位图

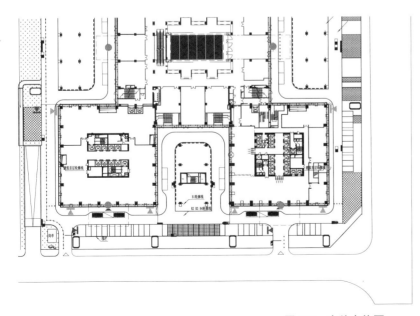

图例	名称
	大堂综合信息标识
	楼层综合信息标识
	客流导向标识
	车辆导向标识
	入口位置标识
	楼梯间位置标识
	卫生间位置标识
	电梯间位置标识
	设备间位置标识
	消火栓位置标识
	消防疏散图位置标识
	警示禁制标识

图C45　室外点位图

图 C46　北京达美中心导向系统

名称	项目类型	建筑规模	项目地点
北京中粮置地广场（图 C47～图 C50）	总部办公	建筑面积为 8.23 万 m²	北京

项目特点：
建筑荣获 LEED 铂金级、绿建三星级与白金五星商务写字楼等多项殊荣。

标识特点：
室内标识设计延续建筑的竖长形态，气质挺拔。材质选用了体现项目高端稳重的不锈钢材质，表面的纹理效果增添优雅气质，搭配腐蚀填漆现代工艺处理手法，带来新奇的感官体验与艺术质感。为项目量身定制的字体与图形符号设计，也为整体标识系统带来档次的提升，使室内环境和谐统一

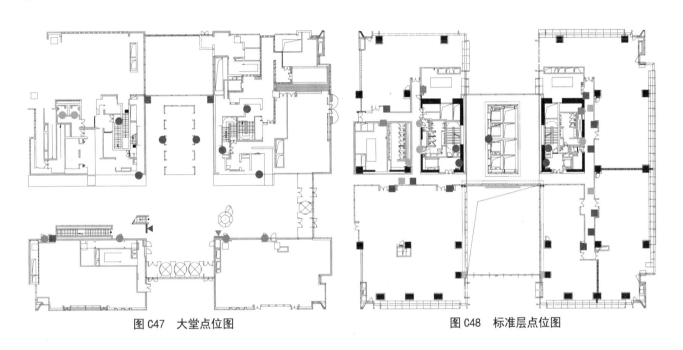

图 C47 大堂点位图　　　　　　　　　　　　图 C48 标准层点位图

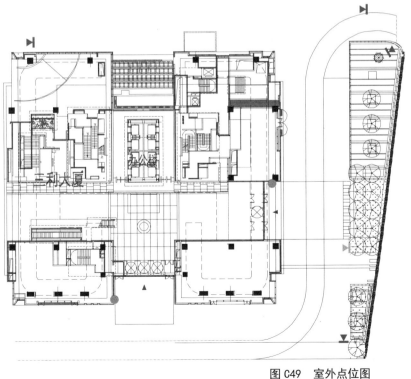

图 C49 室外点位图

图例	名称
▼	大堂综合信息标识
▼	楼层综合信息标识
▼	客流导向标识
▼	车辆导向标识
●	入口位置标识
●	楼梯间位置标识
●	卫生间位置标识
●	电梯间位置标识
■	设备间位置标识
■	消火栓位置标识
■	消防疏散图位置标识
■	警示禁制标识

图 C50　北京中粮置地广场导向系统（一）

图 C50 北京中粮置地广场导向系统（二）

C6 办公建筑推荐优先选用的国家标准图形符号

本部分摘自 GB/T 10001 系列《公共信息图形符号》，由全国图形符号标准化技术委员会（SAC/TC 59）提供并归口。

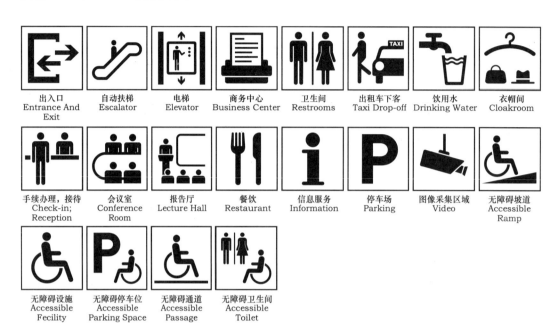

Section D

博览建筑

导向系统

D1 博览建筑导向系统的基本概念

D1.1 博览建筑的基本概念

博览建筑是供搜集、保管、研究、陈列有关自然、历史、文化、艺术、科学技术的实物与标本的公共建筑，通常把藏品的收集保管、科学研究、文化教育（通过藏品陈列展出）作为博览建筑的三大中心任务。

博览建筑的规模、性质不同，组成内容各异，但总体上包括六个部分，即藏品贮藏、科学研究、陈列展出、修复加工、群众服务、行政管理。随着博览建筑任务及性质不同，各部分有不同的侧重点和设计特点。

D1.2 博览建筑的基本类型和导向系统需求概要

博览建筑根据使用对象和建筑特征的不同，对于导向系统的主要范围和使用需求也有差异（表D1）。

博览建筑的基本类型和导向需求概要　　　　表D1

类型	使用对象	空间特点	导向系统的使用需求
博物院	使用对象为观览游客和从事文物、文化保护工作的人员	根据建筑遗址、古城、石刻、民居摩崖、特殊要求而组织有多样性的特点	主要帮助访客完成对建筑空间布局整体认知，以当下展览区域空间布局提供观览、观展路线引导。在观览过程中提供必要的公共服务设施位置引导
博物馆	使用对象为观览游客和从事收藏研究保护的工作的人员	建筑空间较复杂，规模小于博物院，以收藏、研究、保护、展示、陈列、研究为主要运营方式。空间一般由陈列展示区、教育区、服务设施、藏品区等	
展览馆	使用对象为观览游客和内部工作人员	建筑一般由主入口、登录厅、公共交通廊、休息区、展览空间组成	主要为访客提供建筑的整体空间环境平面，明确观览路线
纪念馆陈列馆		建筑空间由一个或多个展览空间组成，规模相对较小	
博览会	使用对象为观展人员、参展人员和内部工作人员	建筑一般由主入口、登录厅、公共交通廊、休息区、展览空间及单层或多层展厅组成	主要使用需求是为参会及观展人员快速熟悉展区空间布局，对展会空间形成整体认知。由于观展路线多元且随机，在过程中需要提供必要的公共服务设施位置引导图。近年大型博览会形成室内精准定位、智能引导、精细服务的趋势
城市规划展示馆	使用对象为观览游客、参展人员和内部工作人员	建筑空间由一个或多个展览空间组成，规模相对较小	通常观览路线单一明确，提供必要的公共服务设施位置引导

D1.3 博览建筑环境导向系统的主要特点

（1）功能特点

1）博览建筑空间导向系统的空间布局及信息呈现，应符合博览展示流线需求，需要考虑长期设置及临时设置的功能需求。

2）面客区、非面客区因区域功能不同，访客人群需求不同，对导向标识设置位置、信息组织、标识设计形式等方面要求差异较大。而对面客区要求进行线性引导，以观览路线指引为主要功能，寻路流程简洁，信息识别度高。

3）展览馆建筑空间布局以多展厅、多展区形式分布。进入抵达空间后通过导向标识，依据不同的展览路线，完成不同展厅、展场的分流指引；多展厅之间如存在交叉指引等情况，穿插功能服务设施等指引。

4）博物馆建筑空间布局多以展陈空间分布，时间轴为顺序进行线性展览。进入入口大厅后对展陈空间进行线性指引，中途穿插功能服务设施等指引。

（2）美学特点

博览类建筑标识设计特点不仅应与博览主题相协调，与建筑室内空间设计气质相呼应，也可以充分结合空间设计要素，提升空间环境的美观性，使之成为空间环境功能区识别的视觉着眼点，展示展陈空间信息的主要载体，同时成为延续并发展博览建筑的主题性和空间的形象性的重要载体。

（3）运营维护特点

1）博览建筑的信息根据建筑的不同类型决定标识的信息承载量，一般更换信息频率不高。

2）由于环境条件或者人为因素会产生材质老化或损耗等问题，对运营维护要求较高。

D2 博览建筑空间环境构成及行为模式

D 2.1 空间环境的构成

根据博览建筑的观览功能和布局特征可划分为入口空间、通道、交通空间、观览空间、公共服务空间、后勤空间。以展览馆为例，主要空间环境为登录厅、门厅、通道、电梯（间）、楼梯（间）、展厅、展场、卫生间、纪念品售卖区、控制室、设备间等。

对于不同类型的博览建筑有着不同的空间环境构成，主要类型为两类：展览馆（会展中心）和博物馆。其中展览馆体量较大，客流多为潮汐式观览（展），集中在某一时段大规模参与博览活动；会展中心空间较多且成分散式分布，对观展空间有选择性，多以观看为主。博物馆体量相对略小观览路线较为固定，多以时间轴为单向路线进行观览，对展出的物品、图片等进行解说，展出物品系统性强。

D 2.2 服务人群分析

（1）观览访客

一般为博览建筑导向系统的主要服务和使用对象，他们对空间布局相对陌生，需依靠导向系统来满足这类人群的寻路需求。

（2）研究工作者

一般指在博物院或博物馆内进行研究的科研工作者，这类人群对建筑空间较熟悉。

（3）管理服务人员

一般指博览建筑内的管理、物业、后勤、安保等服务人员，他们对工作所属的环境较熟悉。

D 2.3 行为模式及空间特点

观览游客行为一般有较为固定的动线，从购票、安全检查、观览（展），在观展过程中有去往公共服务设施、购买纪念品、进行餐饮等相关活动动线。完成上述活动后按既定的路线返回继续观览，直至观览结束（图 D1）。

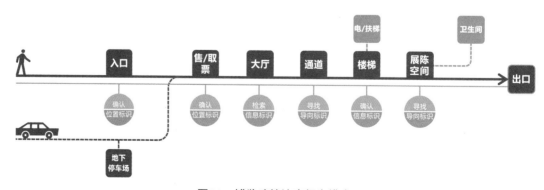

图 D1 博览建筑访客行为模式

展览馆、博览会等城市活动可能对博览展出的内容反复进行博览活动，这需要对所

处环境位置进行特殊记忆，或从导向标识角度进行记忆，对不同展示空间进行编号或命名是观览游客的主要记忆方式。

观览游客对进入博览建筑室内的行为模式进行细分和研究，形成完整的寻路顺序，成为博览建筑访客的主要行为流线。其行为模式简图可以作为导向系统设计的基础，这个基础是设计人员从总体规划到细部设计均可遵从的原则。

D 2.4　博览建筑环境对导向系统的需求

不同博览建筑的空间因功能需求不同，对导向标识的设置位置、设计形式需求和配置也不同（表 D2、表 D3）。

入口空间作为观览游客进入博览建筑的首要空间需设置综合信息标识，呈现整个建筑的空间布局、主要通道信息等内容，满足观览游客在入口空间进行索引和判断的需求。水平交通空间是链接垂直交通、观览区域、服务区域的通道，需在决策节点设置导向标识，在抵达区域口设置位置标识。垂直交通空间，需有明确的信息标识对抵达楼层空间区域有明确的引导。对于末端观览的观览区域、服务区域、后勤区域需设置导向标识、位置标识，明确名称、编号和功能。关于警示禁制标识在有需要提示、警示、说明的场所均可设置。

博览建筑各类空间对导向系统的配置需求　　　　　　　　表 D2

空间环境		信息标识	导向标识	位置标识	警示禁制标识
入口空间	建筑入口		○	●	●
	门厅	●	○	○	●
水平交通空间	通道		●	●	●
垂直交通空间	电梯（间）	●			●
	扶梯	●			○
	楼梯（间）	○			○
观览区域	展厅		●	○	●
	展场		●	○	●
服务区域	卫生间		●	●	
	纪念品售卖区		●	○	
后勤区域	控制室、设备间等			●	●

● 应设置
○ 宜设置

博览建筑标识信息系统对应表　　　　　　　　表 D3

标识类型 ＼ 信息类型		空间信息（大厅、入口等）	流程信息（买票、安检等）	交通信息（楼梯、电梯等）	服务信息（卫生间、餐饮等）	说明信息（购票说明、安全注意等）	管理信息（规定、制度等）	警示禁制信息（警告、提示等）
标识类型	信息标识	●	●	●	●	○	○	●
	导向标识	●	●	●	●			
	位置标识	●	●	●	●			
	警示禁制标识							●

● 应设置
○ 宜设置

D3 博览建筑导向系统规划设置导则

D 3.1 概述

博览建筑导向标识设置应重点服务于观览游客的面客空间，导向系统的设置主要为入口空间、水平、垂直交通空间、观赏区域、服务区域、后勤区域。依照博览建筑的空间功能和使用需求，结合观赏流线，访客行为模式，通过设置不同类型的标识，帮助访客完成空间认知、引导观赏线路、目的地的指引及寻路需求。导向标识主要包括信息标识、导向标识、位置标识、警示禁制标识等。

实际应用项目案例中通常依据空间环境、功能性质、业主要求等，拟定更细分的标识名称。如本章实例涉及的标识有：综合导览标识、电梯楼层说明标识、楼梯楼层说明标识、扶梯楼层说明标识，其同属于信息标识。

D 3.2 入口空间

入口空间主要涉及信息标识、位置标识、警示禁制标识。

入口空间的设计能直接反映博览建筑的规模和类型，空间交通规划流线应区分工作人员和访客路径，保证观览区域的安全和使用效率。

博览建筑入口应设置位置标识，明确显示建筑名称、入口编码等信息。通常采用依附式，设置于入口正门或雨篷上方。应根据设置位置和信息内容确定标识的尺寸、色彩和发光方式。如条件有限也可设置成矗立式，设置位置须明显，但应避免阻碍交通。

在入口空间（图 D2、图 D3）应设置信息标识、位置标识和警示禁制标识。其中综合信息标识应设置在明显位置，常见形式有矗立式、依附式。在出入口、消防疏散通道和问讯处等空间节点应设置位置标识，其形象简洁可直接反映空间功能，形式通常以依附式为主。按照实际情况可在交通流线上设置导向标识引导访客抵达目的地，形式一般采用悬挂式（图 D4）。

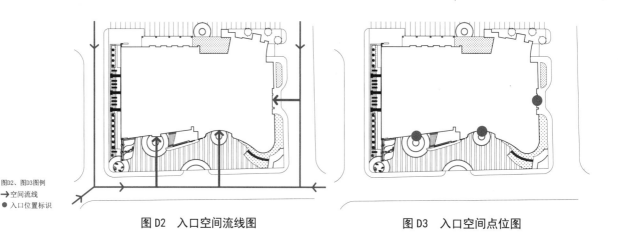

图D2、图D3图例
→空间流线
● 入口位置标识

图 D2　入口空间流线图　　　　图 D3　入口空间点位图

图 D4　入口空间标识图

D 3.3　水平交通空间

水平交通空间主要涉及导向标识、位置标识、警示禁制标识。

公共区域的展厅、设备用房及垂直交通设施都应通过走廊方便抵达。水平交通空间应设置导向标识、位置标识及警示禁制标识，主要用于访客引导，以及紧急情况的人员疏散，常用依附式、悬挂式（图 D5～图 D7）。

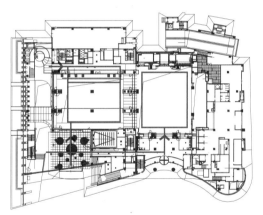
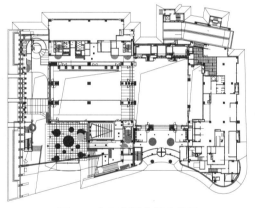

图D5、图D6图例
→空间流线
O 综合导览标识
● 大厅位置标识
● 服务台位置标识
━ 客流导向标识
▲ 电梯楼层说明标识
▲ 楼体楼层说明标识

图 D5　水平交通空间流线图　　　　图 D6　水平交通空间点位图

图 D7　水平交通空间标识图（依附式）

D 3.4　垂直交通空间

垂直交通空间主要涉及信息标识、位置标识、警示禁制标识。

博览建筑中的扶梯与电梯（间）等交通设施起到访客纵向分流的作用，是博览建筑中主要的垂直交通空间，需设置楼层信息标识、位置标识及警示禁制标识，常见形式为依附式（图D8～图D10）。

图D8、图D9图例

→ 空间流线
● 电梯位置标识
● 楼梯间位置标识
⌐ 电梯楼层信息标识
⌐ 楼梯楼层信息标识

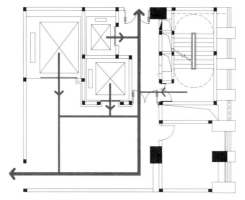
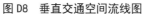

图D8　垂直交通空间流线图

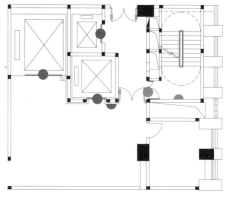

图D9　垂直交通空间点位图

图D10　垂直交通空间标识图（依附式）

D 3.5　观览区域

观览区域主要涉及导向标识、信息标识、警示禁制标识。

观览区域的展厅设计一般以主题进行区域划分，观览区域的空间布置有特定的观览流线及顺序，在展场与展场边界处设置导向标识、信息标识、警示禁制标识，可采取悬挂式、依附式（图D11～图D13）。

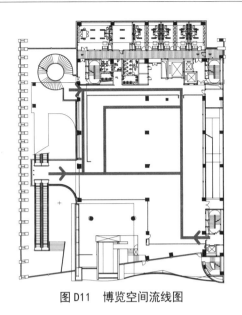
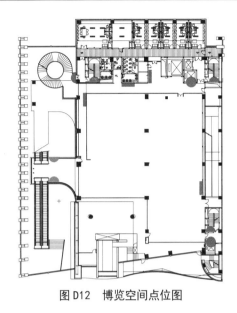

图D11、图D12图例
→空间流线
● 电梯位置标识
— 客流导向标识
▲楼梯楼层说明标识
▲扶梯楼层说明标识

图 D11　博览空间流线图　　　　　图 D12　博览空间点位图

图 D13　博览空间标识图

D 3.6　服务区域

服务区域主要涉及导向标识、位置标识。

博览建筑的服务空间主要为售卖区域、卫生间等，需设置导向标识及位置标识以明示位置信息，导向标识可采用悬挂式或依附式，位置标识一般采用依附式（图 D14）。

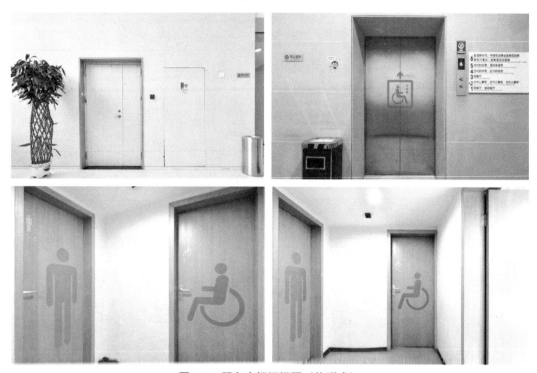

图 D14　服务空间标识图（依附式）

D 3.7　后勤区域

后勤区域主要涉及导向标识、位置标识、警示禁制标识。

博览建筑的后勤空间主要为管理服务人员进行运营管理的空间，标识的设置数量不宜过多，满足基本运营管理即可。需设置导向标识、位置标识和警示禁制标识，明确空间、功能，常见安装方式为依附式或悬挂式（图 D15）。

图 D15　后勤区域标识图（依附式）

博览建筑导向标识设计导则

D 4.1 概述

博览建筑导向系统按照服务功能和载体形式的不同，主要包括信息标识、导向标识、位置标识、警示禁制标识、讲解标识，各类标识的设计和设置需要从空间环境与标识尺度关系、标识形态与色彩、平面要素、标识工艺设计四个层次综合考虑，在明确标识功能的基础上，进一步确定标识的信息内容、设置与安装形式等，提高标识的视觉美并与空间环境充分融合。

D 4.2 信息标识设计

（1）功能概述

信息标识分为综合信息标识和楼层信息标识，通过文字信息、图形符号、地图信息等方式进行指引，帮助观览游客了解建筑基本空间信息，确认进入观览路线，快速抵达服务空间、通道等关键节点。

（2）信息内容

信息内容涉及空间信息、流程信息、交通信息、服务信息、警示禁制信息等。以图形、文字、平面示意图方式呈现。

（3）安装方式

安装方式多为矗立式、依附式，根据不同的空间环境进行合理安装。

（4）设计图形式（图 D16 ～图 D18）

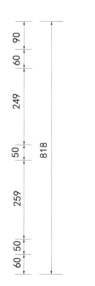

项目名称：西岸美术馆
标识类型：信息标识
标识说明：采用字体切割粘贴方式
材料工艺：3mm厚背胶膜激光切割粘贴于玻璃表面
安装方式：依附式

图 D16　信息标识一

项目名称：西岸美术馆
标识类型：信息标识
标识说明：采用箱体式互动标识形式
材料工艺：阳极氧化铝箱体，内置显示屏，并将
　　　　　所有电子信息和显示器连接件都隐藏
　　　　　于箱体中。图形文字丝网印刷于阳极
　　　　　氧化铝板表面
安装方式：矗立式

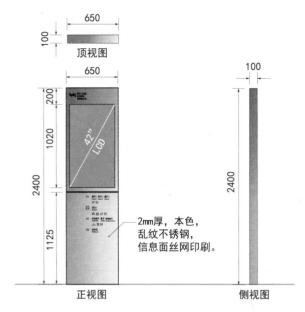

图 D17　信息标识二

项目名称：西岸美术馆
标识类型：信息标识
标识说明：采用字体切割粘贴方式
材料工艺：3mm 厚不锈钢板水压切割，表面拉丝
　　　　　处理
安装方式：依附式

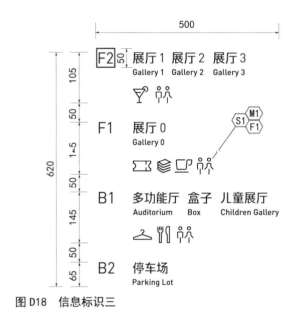

图 D18　信息标识三

D 4.3　导向标识设计

（1）功能概述

用于指引使用者在通往目的地过程中使用的导向类标识，对前进方向有预示、强调、分流的作用。

（2）信息内容

指引博览建筑内面客区中的空间信息、流程信息、交通信息、服务信息，以图形和文字形式呈现。

（3）安装方式

标识尺度、安装位置、安装高度都需要根据空间环境进行设置，符合人机工程学的要求并与整体空间环境协调。

4）设计图形式（图 D19、图 D20）

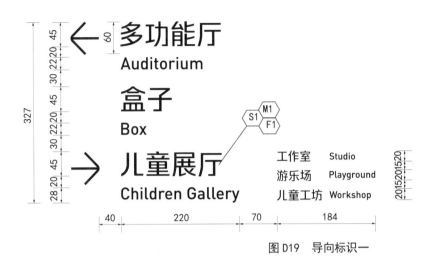

项目名称：西岸美术馆
标识类型：导向标识
标识说明：采用字体切割粘贴方式
材料工艺：3mm 厚不锈钢板水压切割，表面拉丝
　　　　　并且清漆处理
安装方式：依附式

图 D19　导向标识一

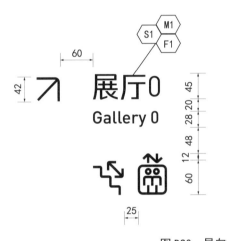

项目名称：西岸美术馆
标识类型：导向标识
标识说明：采用字体切割粘贴方式
材料工艺：3mm 厚不锈钢板水压切割，表面拉丝
　　　　　并且清漆处理
安装方式：依附式

图 D20　导向标识二

D 4.4　位置标识设计

（1）功能概述

博览建筑观览的最终目的就是到达展厅或展场，位置标识是用于标示服务设施或者服务场所在位置的公共信息图形标识。

（2）信息内容

由图形标识和文字标识等组成，当同一种空间功能、服务设施或者设备设施重复出现时，建议采用编号以示区别，编号的命名应遵循逻辑、易懂的原则。信息内容包括空间信息、流程信息、交通信息和服务信息。

（3）安装方式

通常设置在服务功能房间门口适当位置，宜设于墙面、门上，垂直与访客行进方向。

（4）设计图形式（图 D21 ～图 D23）

项目名称：西岸美术馆
标识类型：位置标识
标识说明：采用字体切割粘贴方式
材料工艺：6mm 厚不锈钢板水压切割，表面拉丝
　　　　　并且清漆处理
安装方式：依附式

图 D21　位置标识一

项目名称：西岸美术馆
标识类型：位置标识
标识说明：采用字体切割粘贴方式
材料工艺：6mm 厚不锈钢板水压切割，表面拉丝
　　　　　并且清漆处理
安装方式：依附式

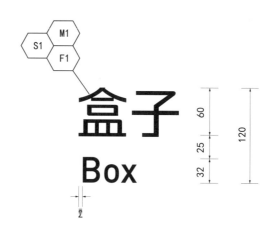

图 D22　位置标识二

项目名称：西岸美术馆
标识类型：位置标识
标识说明：采用字体切割粘贴方式
材料工艺：3mm 厚不锈钢板水压切割，表面拉丝
　　　　　并且清漆处理
安装方式：依附式

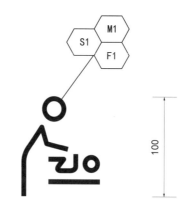

图 D23　位置标识三

D 4.5　警示禁制标识设计

（1）功能概述

　　警示禁制标识用于提示访客观览安全，避免可能发生的危险事宜；满足博览建筑运营管理需求，传达安全信息，提醒关注环境，禁止不安全行为等。

（2）信息内容

由图形符号和文字信息构成，显示警告、提示、禁止、限制等信息。

（3）安装方式

多为依附式的安装方式，特殊空间也有矗立式的安装方式。

（4）设计图形式（图 D24～图 D26）

项目名称：中国妇女儿童博物馆
标示类型：警示禁制标识
标识说明：与墙面内装一体化设计
材料工艺：墙面饰面表面丝网印
安装方式：依附式

图 D24　警示禁制标识一

项目名称：中国妇女儿童博物馆
标示类型：警示禁制标识
标识说明：金属板粘贴墙面设计
材料工艺：金属板刨槽折弯表面烤漆，信息丝网印
安装方式：依附式

图 D25　警示禁制标识二

项目名称：中国妇女儿童博物馆
标示类型：警示禁制标识
标识说明：与墙面内装一体化设计
材料工艺：墙面饰面表面丝网印
安装方式：依附式

图 D26　警示禁制标识三

D5 博览建筑导向系统工程案例

名称	项目类型	建筑规模	项目地点
中国妇女儿童博物馆（图 D27）	博物馆建筑	约 3.5 万 m²	北京市

项目特点：
中国妇女儿童博物馆隶属于全国妇联，集收藏、展览、研究、教育和文化交流等职能于一体，设六个基本陈列和五个专题展览。

标识特点：
建筑空间布局分区比较复杂，标识在统一性原则下进行了不同分区类型的表达，以体现各分区的功能

图 D27　中国妇女儿童博物馆导向系统（一）

图 D27　中国妇女儿童博物馆导向系统（二）

D6 博览建筑推荐优先选用的国家标准图形符号

本部分摘自 GB/T 10001 系列《公共信息图形符号》，由全国图形符号标准化技术委员会（SAC/TC 59）提供并归口。

| 出入口
Entrance And
Exit | 楼梯
Stairs | 自动扶梯
Escalator | 电梯
Elevator | 卫生间
Restrooms | 博物馆
Museum | 美术馆
Art Gallery | 结账
Check-out |

| 票务服务
Tickets | 行李寄存
Left Luggage | 会合点
Meeting Point | 餐饮
Restaurant | 信息服务
Information | 问讯
Enquiry | 失物招领
Lost And Found | 图像采集区域
Video |

| 手机充电
Mobile Phone
Charging | 废物箱
Rubbish Bin | 无障碍电梯
Accessible
Elevator | 无障碍坡道
Accessible
Ramp | 无障碍卫生间
Accessible
Toilet |

D

Section D

博览建筑

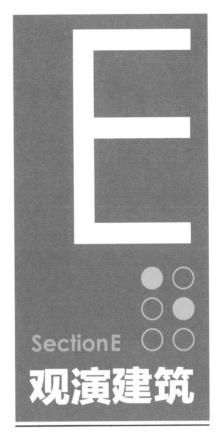

Section E

观演建筑

导向系统

E1 观演建筑导向系统的基本概念

E1.1 观演建筑的基本概念

观演建筑是具有供观众观赏歌舞、戏剧、电影、杂技等功能的建筑。

观演建筑一般可以有多种用途，以满足主要使用表演功能要求为主，兼顾其他。几种不同表演形式的观演建筑可综合在一起，形成文化表演艺术中心。

E1.2 观演建筑的基本类型及导向系统需求概要

观演建筑根据使用对象和建筑特征的不同，对于导向系统的主要范围和使用需求也有差异。

观演建筑的基本类型和导向需求概要 　　　　　　　表 E1

类型		使用对象	空间特点	导向系统的使用需求
演艺建筑（演艺中心、剧场、剧院、音乐厅）	演艺中心	以演出歌剧、舞剧、话剧、中国戏曲、演奏、演唱音乐作品为主。使用对象主要以观众为主，演职人员和管理服务人员为辅	• 按照建筑的类型可以分为分散多厅和集中多厅，室内公共空间相较其他演艺建筑具有复杂性、多样性等特点	• 主要服务于观众活动的公共空间，同时关注演职人员，非面客后台空间以及工作管理人员，不同的人群对导向系统的需求存在明显差异
	剧场、剧院、音乐厅等		• 观众欣赏各类表演艺术的演出场所和观众进行社会交流的文化场所，要具有文化建筑的属性。[1]　• 流线主要包含观众流线、演职人员流线和道具流线，后台应具有隐蔽性和隐私性特点，公共空间又具有开放性特点	• 面客观演公共空间导向系统提供空间布局及功能分布，非面客等后台空间关注业务特点和服务流程
电影院		主要为观众放映电影的场所，使用对象主要以观众为主，管理服务人员为辅	• 因电影院属性需求，建筑不仅要有娱乐气氛，也要有电影文化、地域文化的特色。　• 建筑要功能分区明确，人流组织合理，做到入场、入位准确，散场分流快速，关注垂直交通与水平交通关系	• 各观演功能空间依照空间组织需要，运营流程形成系统规划，对主要的公共空间形成自入口空间经由交通空间至观众厅（席），完成购票、取票处、卫生间的引导
杂技、马戏剧场		以表演杂技、马戏为主。使用对象主要以观众为主，演职人员和管理服务人员为辅	• 因表演需求，杂技、马戏剧场要充分考虑演员、动物、大型道具的使用需求，空间要有足够的预留	

[1] 当观演功能作为其他类型建筑的配属功能时，其用房配置和组织管理方式的确定应结合主导业务的需求综合判定。观演建筑室内导向系统适用于其他类型建筑的观演空间。

E1.3 观演建筑导向系统的概述

观演建筑导向系统是观演建筑室内细部设计的重要内容，主要服务范围为观演建筑的公共空间。观演建筑导向系统是指设置在观演建筑室内空间中，通过各类型标识形体承载文字、符号、图形以及色彩等视觉要素，服务于观演群众、演职人员及运维管理人员的公共信息系统。依照服务功能、载体形式不同，导向系统主要包括：信息标识、导向标识、位置标识、警示禁制标识等。同时关注外部功能空间，防火分区、避难层、消防系统等交通公共空间，并针对面客区、非面客区的空间环境、功能特点考虑观众、演职人员、工作人员的行为模式，完成空间布局、设置布点和标识形象设计。

E 1.4 观演建筑导向系统的主要特点

（1）功能特点

1）导向系统满足观演建筑空间的功能需求，为访客、演职人员、管理者提供便捷高效的空间引导；

2）导向系统与观演建筑的空间环境相协调，充分呈现观演建筑空间布局及观演流程等交通组织特点；

3）导向信息组织应保障一致性、规范性，主要为观演访客及使用者提供索引、引导、确认及警示等信息内容；

4）导向信息的呈现符合观演流程，信息全面统一、连续，满足陌生访客寻路需求；

5）导向标识的设置应覆盖室内公共区域及非面客区的后台功能区域，保证使用者寻路过程中的信息需求；

6）在满足基本引导功能的同时，消防应急疏散标志位置优先于导向要素设置位置。

（2）美学特点

1）导向系统的整体形象与观演建筑的室内空间相协调，形成观演建筑的环境美学；

2）导向标识的造型设计需要与建筑设计、装饰装修相协调，呈现直观的功能特点；

3）导向标识属于室内细部设计的一部分，尺度、比例宜与建筑空间模数相协调；

4）导向系统设计要素呈现符号化，以文字、符号为主要效果特点。

（3）运营特点

1）导向系统适用于观演建筑的运营特点，观演建筑因演出需求要求导向标识，综合信息便利可更换，需包含运营所需的临时说明、宣传及展示；

2）导向系统应考虑观众、演职人员及管理人员的使用需求；

3）随着智能化水平不断提高，电子显示屏、智能查询屏的应用将不断影响导向系统的专业技术水平。

E2 观演建筑空间环境构成及行为模式

E 2.1 空间环境的构成

根据观演建筑的功能布局和空间特征，观演建筑导向标识主要服务的空间环境可分为面客区和非面客区，面客区主要包括入口空间、售票空间、交通空间、服务空间和观演空间，非面客区主要包括后台空间和后勤空间。具体包括：

入口空间——建筑出入口、大堂、门厅和地下停车场门厅等；

售票空间——购、取票处等；

交通空间——电梯（间）、扶梯、楼梯（间）、走廊、连廊等；

服务空间——卫生间、服务台、寄存处等；

观演空间——观看演出的观众厅（席）等；

后台空间——服装间、化妆间、排练间等；

后勤空间——办公、储藏、消防控制等。

E 2.2 服务人群分析

1）观众

访客以观众为主，活动区域主要集中在观看演出的公共空间，同时，观众多数为初次来访或间断到访，他们对室内空间布局相对陌生，对导向系统较为依赖。

2）演职人员

演职人员主要可以分为常驻演职人员和临时演职人员，其活动主要集中在后台区域。常驻演职人员对内部的空间都已形成了比较详细的认知，对各个功能空间的相对位置较为了解，对导向系统的依赖较少，而临时演职人员相对常驻演职人员来说，对环境相对陌生，对导向系统需求较大。

3）管理服务人员

一般指观演建筑内的管理及服务人员，例如安保、后勤、物业等，活动区域主要集中在后勤区域，他们对于自己工作环境较为熟悉，对导向系统需求较弱。

E 2.3 行为模式及空间特点

观演建筑的行为模式取决于内部的空间结构和交通组织流线。观演建筑交通流线主要有：观众流线、演职人员流线、道具流线及其他物品流线。观演建筑导向系统研究主要基于观众流线、演职人员流线展开（图 E1、图 E2），以研究访客行为模式为基础，在不同的交通节点给予访客不同的信息呈现和标识引导，帮助访客做出寻路判断。

观众活动的空间主要集中在面客空间，面客空间具有开放性和复杂性等特点，在大堂、交通空间等重要的交通节点要呈现全面的信息系统，标识设置需延伸至观众厅（席）内部，对于标识系统要求更全面。

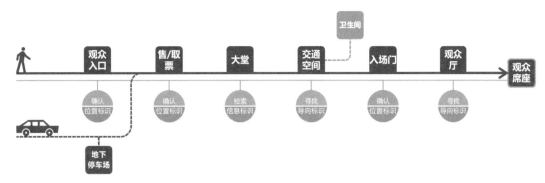

图 E1　观演建筑观众行为模式简图

演职人员活动的空间主要集中在非面客区的后台空间，从演职入口至后台过程主要需要的是寻找后台的流程信息。后台空间的功能用房比较多，如服装间、化妆间、排练间等，对于临时演员来说相对陌生，因此临时演员较常驻演员对标识系统的需求更强。

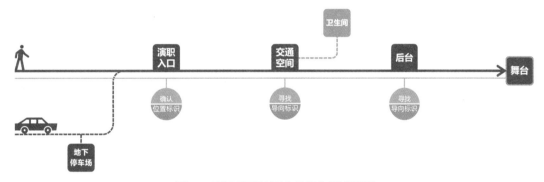

图 E2　观演建筑演职人员行为模式简图

E 2.4　观演建筑环境对导向系统的需求

观演建筑环境根据空间类型、空间功能、空间环境特点的不同，对导向标识的需求和配置也有差异。入口空间作为访客进入观演建筑的首要空间，需设置信息标识、导向标识和相应的位置标识。在售／取票处、卫生间、服务台等售票空间和服务空间需设置明显的位置标识，以便观演访客快速寻找。由走廊、连廊、电梯（间）、扶梯（间）和楼梯（间）组成的具有外来访客可达性等特点的交通空间，交通节点需设置位置标识和导向标识，对目的地进行确认和引导。观演空间使用人群主要是观众，寻路需求主要是寻找座位和出口，需设置明显的位置标识和导向标识。后台空间和后勤空间主要为功能房间，主要设置位置标识明确各个房间的功能（表 E2）。

不同标识类型的信息内容也会不同，呈现形式主要为图形、文字和平面示意图三种形式（表 E3）。

观演建筑各类空间对导向系统的配置需求　　　　　　　　　表 E2

空间环境			信息标识		导向标识	位置标识	警示禁制标识
			综合信息标识	楼层信息标识			
面客区	入口空间	建筑出入口				●	
		大堂、门厅	●		●	●	●
		地下停车场门厅等	●			●	●
	售票空间	购、取票处等				●	
	交通空间	电梯（间）		●		●	●
		扶梯		●		○	●
		楼梯（间）		○		●	●
		走廊、连廊等			●		○
	服务空间	卫生间、服务台等			●	●	●
	观演空间	观众（席）			●	●	●
非面客区	后台空间	服装间、化妆间、排练间等	○		●	●	●
	后勤空间	办公、储藏、消防控制等	○		●	●	●

● 应设置
○ 宜设置

观演建筑标识信息系统对应表　　　　　　　　　表 E3

信息类别 / 标识类型		空间信息（建筑名称、观众厅/观众席、池座等）	流程信息（买票、检票、邀演等）	交通信息（楼梯、电梯、扶梯等）	服务信息（卫生间、服务台等）	说明信息（宣传、预告信息等）	管理信息（规定、制度等）	警示禁制信息（警告、提示等）
标识类型	信息标识	●	●	●	●	○	○	●
	导向标识	●	●	●	●			
	位置标识	●	●	●	●			○
	警示禁制标识				○			●
	运营标识					●	●	○

● 应设置
○ 宜设置

观演建筑导向系统规划设置导则 E3

E 3.1 概述

观演建筑导向标识设置空间主要包含入口空间、交通空间、售 / 取票空间、服务空间、观演空间、后台空间以及后勤空间，依照空间功能使用要求，结合访客流线及行为模式，设置相对应的导向标识。主要类别包括：信息标识、导向标识、位置标识、警示禁制标识、运营标识等。

实际应用项目案例中通常依据空间环境、功能性质、业主要求等，拟定更细分的标识名称。如本章实例涉及的标识有：售票须知标识、座位说明标识，其同属于信息标识；男 / 女卫生间同属于位置标识。

E 3.2 入口空间

入口空间主要涉及：位置标识、信息标识、导向标识和警示禁制标识。

观演建筑入口空间是访客了解建筑布局、确认目的地的地方，根据访客流线分析，应设置明显的位置标识（图E3、图E4）。根据观看距离、观看角度确定设置位置和设置形式，常见安装方式为依附式，设置于入口正门或者雨檐的上方（图E5），或采用矗立式设置在入口两侧（图E6），同时根据设置位置、信息内容及入口建筑空间环境确定标识的形式、尺寸、色彩和发光方式。

在大堂等室内入口空间，以空间环境和流线分析为基础，设置综合信息标识、导向标识和警示禁制标识（图E7、图E8）。其中，通常在明显位置设置综合信息标识，常见安装方式为矗立式或依附式（图E9）。同时，依照实际情况可在交通节点设置导向标识，引导访客去往目的地，常见安装方式为悬挂式。

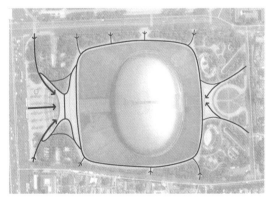

图 E3 建筑入口空间流线图

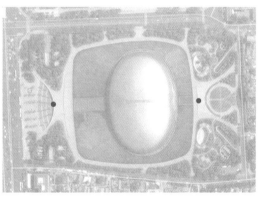

图 E4 建筑入口空间点位图

图E3、图E4图例
→ 空间流线
● 入口位置标识

图 E5　入口空间标识效果示意（依附式）

图 E6　入口空间标识效果示意（矗立式）

图E7、图E8图例
→ 空间流线
○ 大堂综合标识
— 客流导向标识
▲ 警示禁制标识

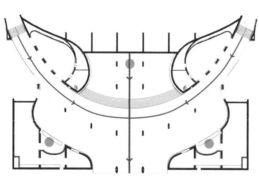
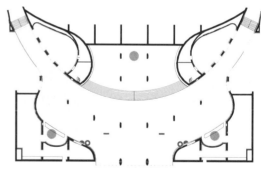

图 E7　入口大堂（大厅）空间流线图　　　　图 E8　入口大堂（大厅）空间点位图

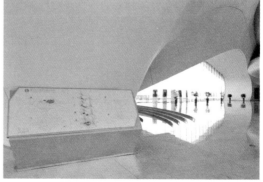

图 E9　入口大堂（大厅）标识效果示意（矗立式）

E 3.3 交通空间

交通空间主要涉及：信息标识、导向标识、位置标识和警示禁制标识。

观演建筑中的楼梯（间）、电梯（间）、扶梯、走廊、连廊等交通空间，作为访客纵向和横向交通的重要空间，标识设置应主要满足访客寻路需求（图 E10、图 E11）。

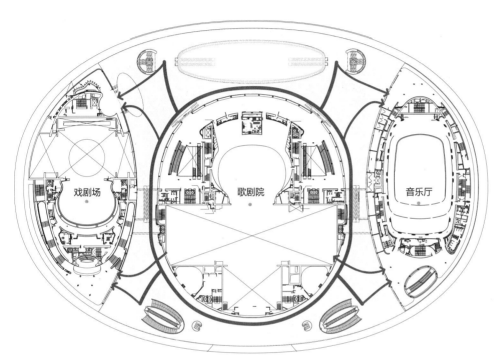

图例
→ 空间流线

图 E10 交通空间流线图

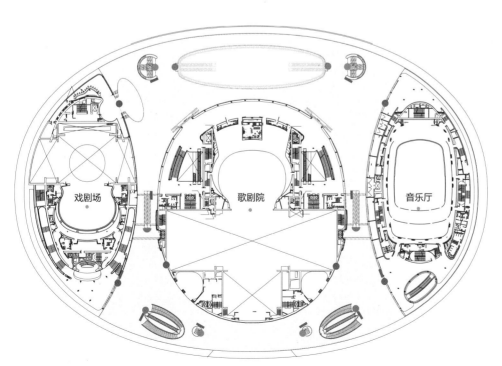

图例
● 剧场位置标识
● 扶梯位置标识
● 电梯位置标识
━ 客流导向标识
▲ 扶梯综合信息标识

图 E11 交通空间点位图

一般观演建筑以电梯（间）、扶梯作为主要的交通形式。在电梯（间）墙面、扶梯侧面合适位置设置楼层信息标识（图E12），常见安装方式为矗立式或依附式。在电梯（间）、扶梯和楼梯（间）入口应设置位置标识，直接反映当前空间功能信息，常见安装方式为依附式，特殊位置采用悬挂式。通道、连廊等作为主要横向的交通形式，在人流动线交通节点应设置导向标识（图E13），必要的人流动线交通节点也应设置信息标识。

在危险潜在区应设置警示禁制标识，提醒访客注意到警告、提示、禁止及限制等层面的信息。

图 E12　扶梯空间标识效果示意（矗立式）

图 E13　通道空间标识效果示意（依附式）

E 3.4　售 / 取票空间

观演建筑的售 / 取票空间是访客现场购票和取票的重要场所，应设置明显的售 / 取票处位置标识（图E14、图E15），常见安装方式为悬挂式或依附式（图E16）。根据运营需求和空间布局，设置购票须知等其他类型标识。

图E14、图E15图例
→空间流线
● 售票处位置标识
▲ 售票须知标识
▲ 警示禁制标识

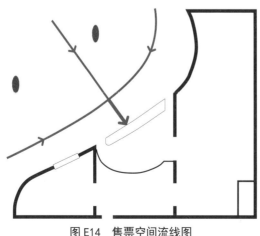

图 E14　售票空间流线图

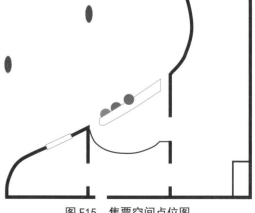

图 E15　售票空间点位图

图 E16　售票空间标识效果示意（依附式）

E 3.5　服务空间

服务空间主要涉及：位置标识。

观演建筑室内空间的卫生间、服务台、寄存处等服务设施，通常具有短时间访客流量大、使用频率高等情况，应设置明显的位置标识，直接反映当前空间功能，常见安装方式为依附式（图 E17～图 E19）。

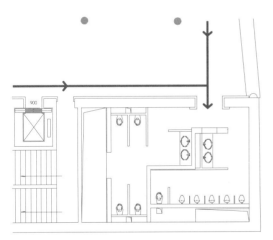
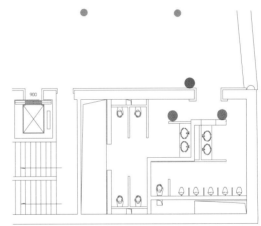

图E17、图E18图例
→ 空间流线
● 卫生间位置标识
● 男/女卫生间

图 E17　服务空间流线图　　　　　　　　图 E18　服务空间点位图

图 E19　服务空间标识效果示意（依附式）

E 3.6 观演空间

观演建筑主要涉及：导向标识、位置标识。

观演空间内部布局规整，一定时间内不会发生布局变化，标识设置应不干扰演出和观演，满足寻找排号、座位、出口等功能。在观演空间内部合适位置应设置导向标识，常见安装方式为依附式。在座位处设置座位号标识，保证观众顺利寻找座位；在出口位置设置出口位置标识，满足观演人员寻找出口以及从出口进入公共空间寻找卫生间等情况（图 E20～图 E22）。

图E20、图E21图例
➤ 空间流线
● 剧场入口位置标识
● 安全出口位置标识
▲ 座位说明标识

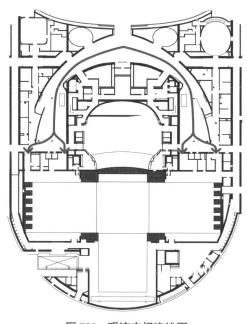

图 E20 观演空间流线图

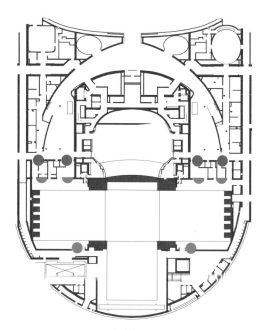

图 E21 观演空间点位图

图 E22 观演空间内部标识效果示意（依附式）

E 3.7 后台空间

后台空间主要涉及：位置标识、导向标识和警示禁制标识。

观演建筑的后台空间具有隐蔽性，空间布局主要为走廊结合房间的形式，设置的标识类型主要为位置标识和少量的导向标识，引导演职人员寻找目的地，常见的安装方式为悬挂式或依附式。在面客区通往后台空间的入口通道应设置明显的信息标识，常见安装方式为依附式。在后台空间的勿扰、禁止进入等区域，应设置明显的警示禁制标识，常见安装方式为依附式（图 E23）。

图 E23　后台空间标识效果示意（依附式）

E 3.8　后勤空间

后勤空间主要涉及：导向标识、位置标识和警示禁制标识。

观演建筑的后勤空间主要为管理服务人员进行运营管理的空间，标识的设置满足基本运营管理即可，数量不宜过多，设置基本的导向标识、位置标识和警示禁制标识，明确空间职能，常见安装方式为依附式或悬挂式（图 E24）。

图 E24　后勤空间标识效果示意（依附式）

E4 观演建筑导向标识设计导则

E4.1 概述

观演建筑导向系统按照服务功能和载体形式的不同，主要包括信息标识、导向标识、位置标识、警示禁制标识、运营标识，各类标识的设置和设计需要从空间环境与标识尺度关系、标识形态与色彩、平面／要素、标识工艺设计四个层次综合考虑，在明确标识功能的基础上，进一步确定标识的信息内容、设置与安装形式等，提高标识的视觉美学，并与空间环境充分融合的同时完成材料工艺等标识产品设计，实现特色化的标识形象的设计过程。

E4.2 信息标识设计

（1）功能

信息标识分为综合信息标识和楼层信息标识，用以显示整个观演建筑或某个楼层的平面空间布局图、重要观演节目介绍等信息，便于访客总体了解观演建筑室内的空间关系，帮助访客更好地寻找观众厅（席）、选择寻路线路和交通组织形式。平面空间布局图是包含观演厅（席）等空间信息、卫生间等服务信息、出口等交通信息的总平面图。

（2）信息内容

① 观演室内平面（竖向）空间功能布局图，包括空间信息、交通信息、服务信息、图廓、图名、图例和"您所在的位置"等构成；

② 观演建筑说明信息；

③ 重要观演节目介绍；

④ 其他相关说明信息。

（3）安装方式

多为矗立式的安装方式，在电梯厅等狭窄区域可将标识依附在墙面上。

（4）形式示意（图E25～图E27）

项目名称：国家大剧院标识
标识类型：信息标识
标识说明：与内装融合
材料工艺：金属板仿木、图文丝网印刷
安装方式：矗立式

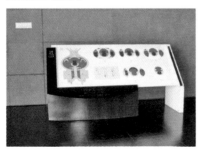

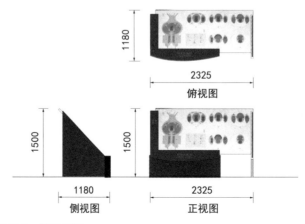

图 E25　信息标识

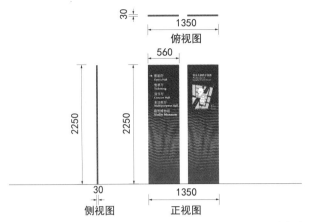

项目名称: 青岛大剧院
标识类型: 信息标识
标识说明: 有机流畅的建筑线条图案逐层丝网印刷
材料工艺: 三层夹胶钢化玻璃、图文丝网印刷
安装方式: 依附式

图 E26　信息标识一

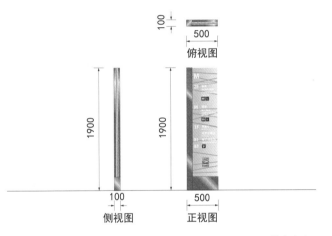

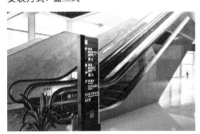

项目名称: 武汉秀场
标识类型: 信息标识
标识说明: 体现项目 LOGO 及建筑线条, 尝试展现 "中国·秀"
材料工艺: 超白钢化玻璃、茶色玻璃、信息丝网印刷
安装方式: 矗立式

图 E27　信息标识二

E 4.3　导向标识设计

（1）功能

用于指引访客在通往目的地过程中顺利寻路, 便于访客辨别方向, 在交通节点正确选择行进路线, 对前进方向有预示和强调作用。导向标识可与地图信息相结合, 实现快速指引, 快捷服务等需求。

（2）信息内容

信息内容由图形符号、文字信息和箭头符号等组合, 用以导向观演建筑内空间信息、交通信息、服务信息等信息的方向, 必要时体现距离等信息。主要包括:

空间信息——观众厅、观众席等;

服务信息——售票处、卫生间、服务台、寄存处等;

交通信息——电梯（间）、扶梯、出口等。

（3）安装方式

标识尺度、安装位置、安装高度都需要根据空间环境进行设置, 符合人机工程学的要求, 与空间环境融合, 常见安装方式为悬挂式或矗立式。

（4）形式示意（图 E28 ～图 E31）

项目名称：青岛大剧院
标识类型：导向标识
标识说明：有机流畅的建筑线条图案逐层丝网印刷
材料工艺：三层夹胶钢化玻璃、图文丝网印刷
安装方式：矗立式

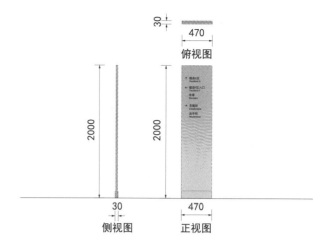

图 E28　导向标识一

项目名称：南京保利剧院
标识类型：导向标识
标识说明：有机形态与建筑内装完美融合
材料工艺：透明玻璃、信息丝网印刷
安装方式：矗立式

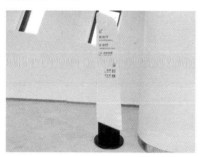
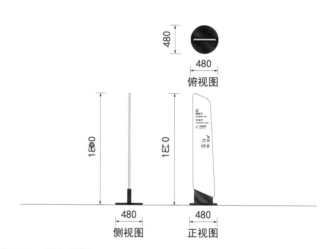

图 E29　导向标识二

项目名称：国家大剧院
标识类型：导向标识
标识说明：与内装融合，简约的设计
材料工艺：金属板制作信息面板、图文丝网印刷
安装方式：依附式

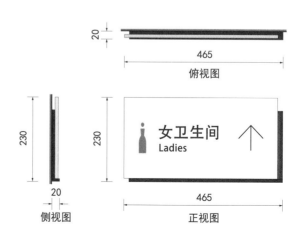

图 E30　导向标识三

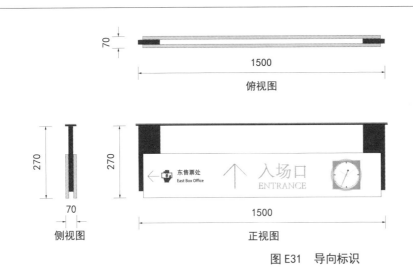

项目名称：国家大剧院
标识类型：导向标识
标识说明：与内装融合、简约的设计
材料工艺：金属板制作信息面板、图文信息金属立体字、丝网印刷
安装方式：悬挂式

图 E31　导向标识

E 4.4　位置标识设计

（1）功能

用以显示观演建筑名称、楼座编号、门牌号码、观演厅、售票处、卫生间、服务台、寄存处、电梯（间）等信息，使访客更加直接地确认目的地，帮助访客快速确认当前空间的职能及当前位置信息。

（2）信息内容

由图形符号和空间位置中文、外文信息等组成，当同一种空间功能、服务设施重复出现时，建议对其进行编号以示区别，编号命名应遵循逻辑、易懂的原则。

（3）安装方式

多为依附式的安装方式，特殊空间也有矗立式和悬挂式的安装方式。

（4）形式示意（图 E32～图 E34）

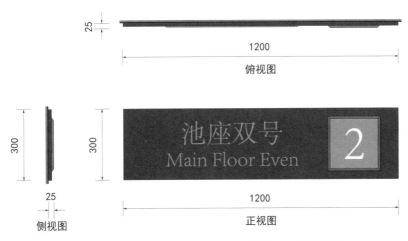

项目名称：国家大剧院
标识类型：位置标识
标识说明：与内装融合
材料工艺：金属板制作信息面板、图文信息金属立体字
安装方式：依附式

图 E32　位置标识一

项目名称：太湖秀
标识类型：位置标识
标识说明：融入与项目定位匹配的文化元素
材料工艺：金属板制作边框及面板，文字信息亚
　　　　　克力嵌平发光
安装方式：悬挂式

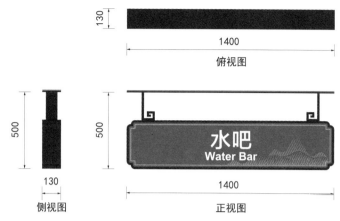

130
1400
俯视图

500
500
130
侧视图
1400
正视图

图 E33　位置标识二

项目名称：青岛东方影都大剧院
标识类型：位置标识
标识说明：与内装融合，与所在城市文化定位匹配
材料工艺：玻璃钢制作边框及装饰件、亚克力吸
　　　　　塑面板、信息丝网印刷
安装方式：依附式

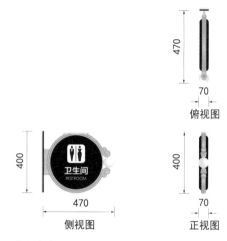

470
70
俯视图

400
470
侧视图
400
70
正视图

图 E34　位置标识三

E 4.5　警示禁制标识设计

（1）功能

满足运营管理需求，传达安全信息、关注环境、禁止不安全行为、避免发生危险。

（2）信息内容

由图形符号和文字信息构成，显示警告、提示、禁止、限制等信息。

（3）安装方式

多为依附式的安装方式，特殊空间也矗立式。

（4）形式示意（图 E35）

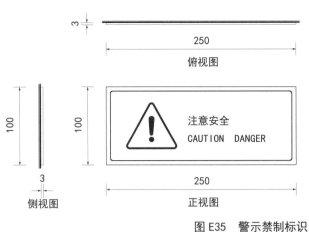

俯视图

侧视图　　　正视图

注意安全
CAUTION　DANGER

图 E35　警示禁制标识

项目名称：广州大剧院
标识类型：警示禁制标识
标识说明：与内装色彩融合
材料工艺：玻璃面板表面粘贴白色膜，表面信息
　　　　　丝网印刷
安装方式：依附式

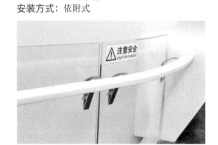

E 4.6　运营标识设计

（1）功能

运营标识是确保特殊剧目演出、剧目翻新、临时宣传、节目预告等需要，满足特殊空间、特殊情况的信息需求。

（2）信息内容

信息内容根据标识运营需求确定，具有可更换性和临时性等特点。

（3）设置与安装

运营标识设置位置具有不确定性，依需求而定，安装方式具有临时性和可移动性。

（4）形式示意（图 E36）

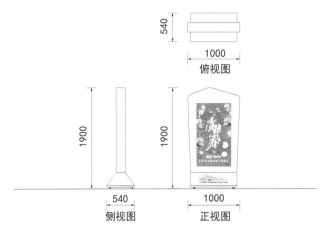

俯视图

侧视图　　　正视图

图 E36　运营标识

项目名称：广州大剧院
标识类型：运营标识
标识说明：标识信息内容根据运营情况随时更换
材料工艺：金属板制作边框，信息内置灯箱片
安装方式：矗立式

E5 观演建筑导向系统工程案例

名称	项目类型	建筑规模	项目地点
国家大剧院（图E37）	演艺建筑	占地 11.89 万 ㎡，总建筑面积约 16.5 万 ㎡，其中主体建筑 10.5 万 ㎡，地下附属设施 6 万 ㎡	北京

项目特点：

作为北京地标性建筑，国家大剧院造型新颖、前卫，构思独特，是传统与现代、浪漫与现实的结合。这座"城市中的剧院、剧院中的城市"以一颗献给新世纪的超越想象的"湖中明珠"的奇异姿态出现。国家大剧院要表达的是内在的活力，是在外部宁静笼罩下的内部生机。国家大剧院与青岛大剧院、上海大剧院、广州大剧院等荣膺"中国十大剧院"称号。国家大剧院是亚洲最大的剧院综合体，中国国家表演艺术的最高殿堂，中外文化交流的最大平台，中国文化创意产业的重要基地。

标识特点：

1）建筑空间布局具有复杂性，对标识依赖较强。

2）标识的设计风格与项目定位、项目内装相匹配。

3）标识生产工艺简单，实施效果较好

图 E37 国家大剧院导向系统（一）

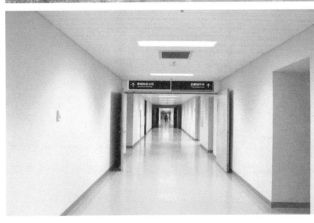

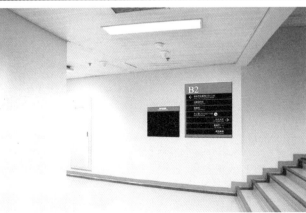

图 E37　国家大剧院导向系统（二）

名称	项目类型	建筑规模	项目地点
青岛大剧院（图 E38）	演艺建筑	大剧院项目总建筑面积 8.7 万 ㎡，其中包括 1601 座的歌剧厅，1210 座的音乐厅和 448 座的多功能厅及其他附属设施	青岛

项目特点：

青岛大剧院是青岛公共文化设施的标志性建筑，外观似两架白色钢琴。青岛的山、海、云构成了大剧院设计的主题。水是生命之源，海是城市的灵魂，溪流汇聚，潮起潮落，天作地合造就了大剧院的主体。青岛大剧院与上海大剧院、国家大剧院、广州大剧院等荣膺"中国十大剧院"称号。青岛大剧院具有接待世界一流艺术表演团体演出的条件和能力，2010 年 12 月被山东省"齐鲁文化新地标"评委会确定为"十大齐鲁文化新地标"之一，2011 年 11 月获得"2010～2011 年度中国建设工程鲁班奖"。

标识特点：

1）主题形象——通过城市地理的特征提炼了海面波纹的视觉形象，建筑的典型视觉元素穿插变化的直线型，图形化表达声音的产生与穿鼻的视觉特点结合。

2）造型设计——通过印刷在多层玻璃上的图案形成统一且富于变化的标识形体。

3）色彩应用——色彩的分类应用形成有序的视觉传播体系。

4）材料应用——彩色的透明玻璃使标识与环境形成交互融合的视觉感受

图 E38　青岛大剧院导向系统（一）

图 E38　青岛大剧院导向系统（二）

名称	项目类型	建筑规模	项目地点
哈尔滨大剧院（图E39）	演艺建筑	包括大剧院（1600座）、小剧场（400座）	哈尔滨

项目特点：

哈尔滨标志性建筑，依水而建，体现北国风光大地景观的设计概念。

标识特点：

1）建筑空间具有较高的艺术性，对标识的设计美学要求较高。

2）现有标识的设计风格与项目内装色彩、材质融合性较好。

3）标识室内外具有整体性。

图 E39　哈尔滨大剧院导向系统（一）

图 E39　哈尔滨大剧院导向系统（二）

观演建筑推荐优先选用的国家标准图形符号

本部分摘自 GB/T 10001 系列《公共信息图形符号》，由全国图形符号标准化技术委员会（SAC/TC 59）提供并归口。

楼梯 Stairs	自动扶梯 Escalator	电梯 Elevator	卫生间 Restrooms	电影院 Cinema	剧院 Theater	票务服务 Tickets	行李寄存 Left Luggage

衣帽间 Cloakroom	男更衣 Men's Locker Room	女更衣 Women's Locker room	等候区 Waiting Area	会合点 Meeting Room	办理手续，接待 Check-in, Reception	餐饮 Restaurant	快餐 Snacks

咖啡 Coffee	茶饮 Tea	信息服务 Information	问讯 Enquiry	失物招领 Lost And Found	停车场 Parking	广播 Broadcasting Studio	废物箱 Rubbish Bin

E
Section E
观演建筑

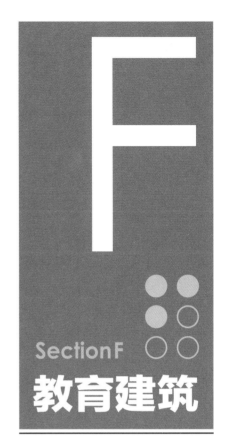

F

SectionF

教育建筑

导向系统

教育建筑导向系统的基本概念

F 1.1 教育建筑的基本概念

教育建筑是由政府、企事业组织、社会团体、其他社会组织及公民个人依法举办，满足教育教学活动的功能需求，有益于学生身心健康成长所需的场所和教学空间的建筑物。

教育建筑一般由教学建筑（教学楼、实验楼、科研楼等）和配套建筑（行政楼、图书馆、体育馆／场、宿舍、食堂、礼堂、超市、医务室／校医院等）组成。

针对教育建筑的核心特征，本书以教学建筑为主对教育建筑室内导向系统进行列述。

F 1.2 教育建筑的基本类型及导向需求

教育建筑不同于其他文化性、商业性建筑，是为学生提供接受知识的场所，具有典雅、庄重、自然又具人性化的本质特征。配合教育建筑导向系统的设计重点要体现"以人为本"，注重"环境优先"、功能分区合理，以安全、便捷的交通组织，满足以学生为中心、教师为主导的教与学的相互交流活动需求，满足师生学习生活空间需求（表F1）。

教育建筑的基本类型和导向需求概要 表 F1

类型	使用对象	空间特点	导向系统的使用需求
幼儿园	• 幼儿 • 教职员工	• 包含全日制幼儿园和寄宿制幼儿园。 • 规模小、层数低、适合幼儿生活使用	导向系统在满足基本功能的前提下，更应关注幼儿年龄段的认知及身心健康
中小学校	• 中小学生 • 教职员工	• 包含非完全小学、初中、高中、完全中学和九年制学校。 • 多层为主，各功能区通常由走廊连接。 • 中小学校对于学生来说，教室在一段时间内（通常为一年）相对固定	导向系统需满足楼层索引及各教室、功能用房的位置确认，同时考虑访客或新生的使用需求
高等院校	• 大学生 • 教职员工	• 包含全日制大学和独立设置的学院等。 • 高等院校教学建筑类型多样、规模较大、以多层和高层为主、各功能建筑通常独立建设。 • 教室通常有固定教室和非固定教室两种类型	导向系统更多地关注教室功能不固定的综合性教学楼，对标识系统的完整性、醒目性要求较高
职业教育学校	• 专业学生 • 教职员工	• 包含职业教育院校和技工学校。 • 规模较大，以多层和高层为主，各功能建筑通常独立建设，通常具有高等院校的特点，专业性教室较多	导向系统的设计在满足功能的同时应体现其职业院校的形象特征
特殊教育学校	• 特殊学生 • 教职员工	• 依法举办的专门对残疾儿童、青少年实施特殊教育的机构。 • 规模以中等、多层为主，各功能区通常由走廊连接，特殊功能教室较多	特殊教育学校的导向系统，重点关注特殊人群的使用需求，应以通用设计的体系要求作为导向系统的建设标准

注：当教育建筑功能作为其他类型建筑的配属功能时，教育建筑室内导向系统适用于其他类型建筑的教育空间。

F 1.3 教育建筑导向系统概述

教育建筑导向系统是指设置在教育建筑室内空间中，通过各类型标识形体承载文字、符号、图形以及色彩等视觉要素，服务于访客使用者的公共信息系统。按照服务功能和载体形式不同主要包括：信息标识、导向标识、位置标识、警示禁制标识。

教育建筑导向系统是室内细部设计的重要内容，主要服务于室内空间，同时应关注建筑外部功能空间、防火分区、消防系统等公共交通空间。导向系统规划立足于教育空间的功能布局及环境特点，分析建筑空间流线，考虑访客、运维管理人群的行为模式，完成导向标识设置布点和标识形象设计。

F 1.4 教育建筑导向系统的主要特点

（1）功能特点

1）导向系统应满足教育空间功能需求，为使用者提供便捷高效的空间引导；

2）导向系统应与教育空间的室内环境相协调，呈现教育空间的空间布局和教育活动流程的交通组织特点；

3）导向信息的组织应具备完整性和全面性特点，呈现统一连续的引导信息；

4）导向标识设置应覆盖室内空间的公共区域，保障访客的寻路过程中的信息需求。

（2）美学特点

1）导向系统的整体形象与教育建筑的空间相协调，实现教育空间的环境美学；

2）导向标识的设计应与校园文化教育空间的形象相符合，充分体现文化内涵，呈现秩序感和协调性。

F2 教育建筑空间环境构成及行为模式

F 2.1 空间环境的构成

根据教育建筑使用者的活动流程和导向系统的需求，将访客从园区引导进入教育建筑空间，应该与园区内交通流线相结合，考虑客流及车流分类分级设置管理。抵达建筑入口，建筑空间主要包括：入口空间、水平交通空间、垂直交通空间、教学区域和后勤服务区域等。

入口空间包括建筑的出入口、大堂、门厅等；水平交通空间包括走廊、通道、连廊等；垂直交通空间包括楼梯（间）、电梯（间）；教学区域包括教室、办公室等；后勤区域包括清洁间、配电室等；服务区域包括卫生间、水房等。

F 2.2 访客服务人群分析

1）访客：初次到访和非经常到访的访客对教育建筑室内的空间布局相对陌生，需依靠导向系统来满足寻路需求。

2）学生：学生的活动区域相对固定，对于教育建筑跨区域的认知程度差异较大。对于陌生区域，需依靠导向系统来满足寻路需求。

3）教职员工：对建筑空间和路线相对熟悉，可以快速抵达目的地，对导向系统的需求较弱。

F 2.3 行为模式及空间特点

对访客进入教育建筑室内的行动模式进行细分和研究，形成完整的寻路顺序，成为教育建筑室内访客的主要行为模式（图 F1）。该模式可以作为导向系统从总体规划到细部设计均可遵从的程序和方法。应该依据入口空间、水平交通空间、垂直交通空间、教学区域和后勤服务区域来表达行进模式开展导向系统规划设置工作。

就幼儿园、小学、中学及特殊教育学校而言，其管理方式基本为封闭式管理，因此外来访客基本不允许进入校园内或需由内部人员引导，此模式简图可以作为规划设计标识牌分级设置原则。

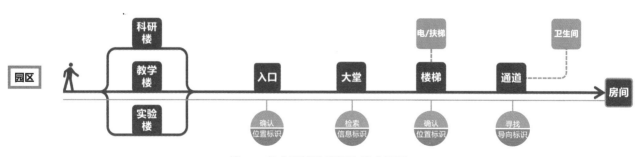

图 F1　教育建筑访客行为模式简图

F 2.4 教育建筑环境对导向系统的需求

教育建筑因空间功能不同，建筑流线、客流路径引导流线不同，形成导向标识的需求和配置也有所区别（表F2、表F3）。入口空间作为教育建筑的初访空间，需设置综合信息标识，向访客呈现整个教育建筑的空间布局和信息宣传，满足不同访客在入口空间进行索引和判断。

水平交通空间是连接交通核、教学区、后勤服务区的通道，需在空间节点设置客流导向标识。

垂直交通空间需有明确的位置标识，尤其对于可达楼层不一致的交通空间。对于抵达目的楼层空间区域，需要设置楼层信息标识，显示本楼层空间布局及教室、办公室名称等。对于寻路路径末端的教学区、办公区、服务后勤区域，需设置位置标识，明确用房的名称、编号和功能等。

关于警示禁制标识应依国家标准及空间需要设置。

教育建筑各类空间对导向系统的配置需求　　　　　　　表F2

空间环境		信息标识		导向标识	位置标识	警示禁制标识	教育宣传标识
		综合信息标识	楼层信息标识				
入口空间	建筑入口				●	●	●
	门厅	●		○	○	●	●
水平空间	走廊、通道、连廊		○	●	●	●	●
垂直交通空间	电梯（间）		●	○	●	○	●
	楼梯（间）		●		●	●	●
教学区域	教室				●	○	●
	办公室				●	○	○
后勤区域	清洁间、配电室				●	○	
服务区域	卫生间、水房				●	●	

● 应设置
○ 宜设置

教育建筑标识信息系统对应表　　　　　　　表F3

标识类型 ＼ 信息类别		空间信息（楼座、楼层等）	流程信息（上课、访问等）	交通信息（楼梯、电梯等）	服务信息（卫生间、茶水间等）	管理信息（规定、制度等）	警示禁制信息（警告、提示等）	教育宣传信息（校训、校史等）
标识类型	信息标识	●	●	●	●	○	●	○
	导向标识	●	●	●	●			
	位置标识	●	●	●	●		○	
	警示禁制标识						●	
	教育宣传标识					●	○	●

● 应设置
○ 宜设置

F3 教育建筑导向系统规划设置导则

F 3.1 概述

教育建筑导向标识设置的空间主要包含入口空间、水平交通空间、垂直交通空间、教学区域以及后勤、服务区域，需依照空间功能及使用要求、结合访客流线及行为模式设置相对应的导向标识。主要类别包括：信息标识、导向标识、位置标识、警示禁制标识及教育宣传标识等。

实际应用项目案例中通常依据空间环境、功能性质、业主要求等，拟定更细分的标识名称。如本章实例涉及的标识有： 楼层综合标识、消防综合标识、楼梯间楼层标识、电梯楼层标识，其同属于信息标识。

F 3.2 入口空间

入口空间主要涉及标识系统中信息标识、导向标识、位置标识、警示禁制标识及教育宣传标识等。

入口空间的设计能直接反映教育建筑的规模和性质，教育建筑入口空间（图F2、图F3）应设置明显的位置确认标识，通常采用依附形式设置于入口雨檐的上方、入口立面上方，或采用矗立式设置在入口两侧，应根据设置位置和信息内容确定标识的形式、尺寸、色彩和发光方式（图F4）。

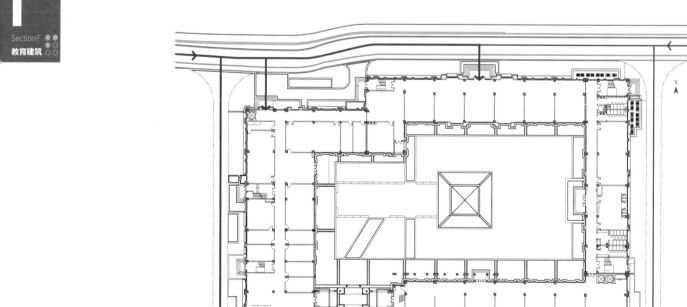

图例
→ 空间流线

图 F2　入口空间流线图

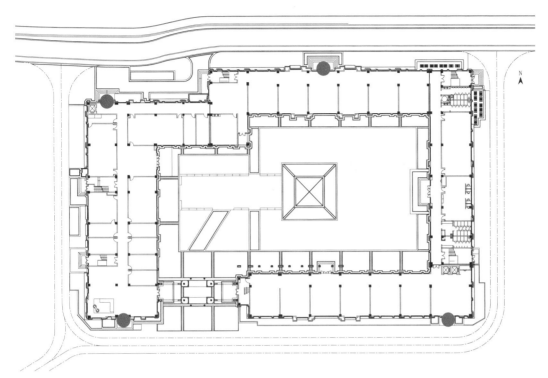

图例
● 建筑入口标识

图 F3　入口空间点位图

图 F4　入口空间标识（依附式）

　　在大堂等室内入口空间中，以空间环境和流线分析为基础，设置综合信息标识、导向标识、位置标识、警示禁制标识及教育宣传标识等。其中，在入口空间明显位置设置综合信息标识，常见安装方式为矗立式或依附式（图 F5、图 F6）。在通道、走廊等空间节点上设置导向标识引导访客到达目的地，常见安装方式为悬挂式。在出入口、楼梯间、电梯间等空间节点设置位置标识，常见安装方式为依附式。在入口、消防疏散等空间设置警示禁制标识，常见安装方式为依附式。

另外，入口空间一般还需设置教育宣传标识。

图F5　大堂空间标识（依附式）　　　　图F6　大堂空间标识（矗立式）

F 3.3　水平交通空间

水平交通空间主要涉及标识系统中的导向标识、警示禁制标识等。

教育建筑室内走廊、通道、连廊是访客最重要的交通空间。访客通过对导向信息的识别，高效准确地通过走廊、通道、连廊，抵达公共区域的教室、办公室及垂直交通设施等。

水平交通空间应设置导向标识以及警示禁制标识，常见安装方式为悬挂式、依附式。

另外，较为狭长的走廊空间还应设置教育宣传标识（图F7～图F10）。

图F7、图F8图例
→ 空间流线
◎ 楼层综合标识
◌ 消防综合标识
━ 客流导向标识
● 卫生间位置标识
● 功能房位置标识
● 电梯位置标识
● 楼梯间位置标识
▲ 楼梯间楼层标识

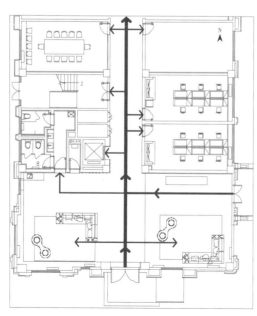

图F7　水平交通空间流线图

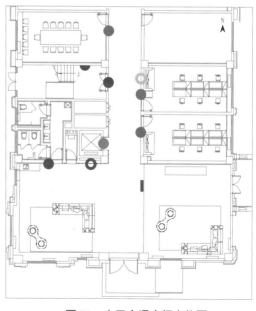

图F8　水平交通空间点位图

图 F9 水平交通空间标识（悬挂式）

图 F10 水平交通空间标识（依附式）

F 3.4 垂直交通空间

垂直交通空间主要涉及标识系统中的信息标识、位置标识、警示禁制标识及教育宣传标识等。

教育建筑中包含楼梯（间）与电梯（间）的垂直交通设计。

通常幼儿园、中小学等教育建筑以低层建筑和多层建筑为主，楼梯作为主要的垂直交通空间，在楼梯（间）需设置楼层信息标识、位置标识、警示禁制标识及教育宣传标识，常见安装方式为依附式。

一般高层教育建筑，电梯（间）为主要的垂直交通空间，楼梯作为辅助的垂直交通空间及重要的消防疏散空间，垂直交通中需在电梯（间）设置楼层信息标识、位置标识、警示禁制标识及教育宣传标识，常见安装方式为依附式（图 F11～图 F13）。

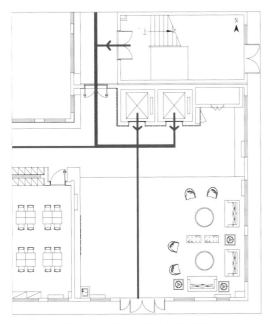

图 F11 垂直交通空间流线图

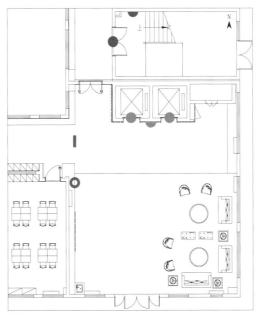

图 F12 垂直交通空间点位图

图F11、图F12图例
→ 空间流线
○ 楼层综合标识
— 客流导向标识
● 电梯位置标识
▲ 电梯楼层标识
● 楼梯间位置标识
▲ 楼梯间楼层标识

图 F13　垂直交通空间标识（依附式）

F 3.5　教学区域

教学区域主要涉及标识系统中的位置标识、警示禁制标识及教育宣传标识等。

教学区域主要由教室和办公室组成。根据教学区域的空间配置和房间的组合特点，设置位置标识以标示各个功能空间，常见安装方式为依附式。

另外，按照实际需求还可设置警示禁制标识、教育宣传标识等（图 F14～图 F17）。

图F14、图F15图例
→空间流线
— 客流导向标识
● 卫生间位置标识
● 功能房位置标识
● 教室位置标识

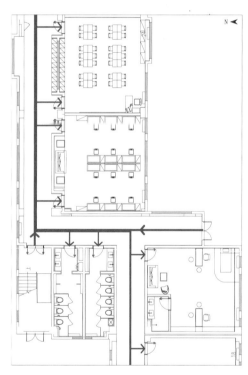

图 F14　教学区域流线图

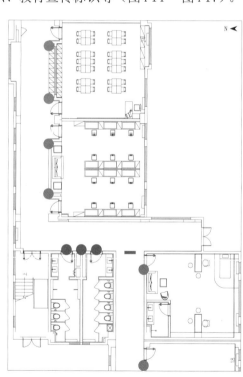

图 F15　教学区域点位图

图 F16　教学区域标识（依附式）

图 F17 教学区域标识（依附式）

F 3.6 后勤、服务区域

后勤、服务区域主要涉及标识系统中的位置标识、警示禁制标识等。

教育建筑中后勤区域主要为清洁间、配电室等，服务区域主要为洗手间、水房等功能用房。这些区域应设置具体的位置标识（图 F18、图 F19）及警示禁制标识，明确各个空间的功能，以及禁止行为等，常见安装方式为依附式（图 F20）。

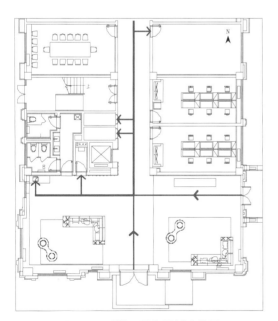
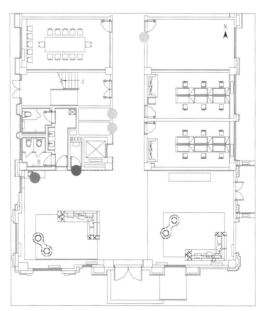

图F18、图F19图例
→ 空间流线
● 茶水间位置标识
● 设备间位置标识
● 饮水处位置标识

图 F18 后勤、服务区域流线图 　　图 F19 后勤、服务区域点位图

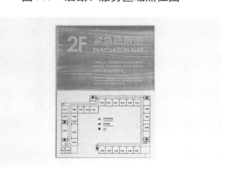

图 F20 后勤、服务区域标识（依附式）

F4 教育建筑导向标识设计导则

F4.1 概述

教育建筑导向系统按照服务功能和载体形式的不同，主要包括信息标识、导向标识、位置标识、警示禁制标识及教育宣传标识，各类标识的设计和设置需要从标识在空间环境中的尺度关系、标识形体与色彩、平面要素、标识工艺设计四个层次综合考虑，在明确标识功能的基础上，进一步确定标识的信息内容、设置与安装形式，提高标识的形体美学、视觉美学等，并与空间环境条件充分融合。

F4.2 信息标识设计

（1）功能

信息标识分为综合信息标识和楼层信息标识，应显示特定教学区域、场所内服务功能、服务设施位置分布平面图，以及相应设施设备的使用说明、简介、相关内容信息系统。

（2）信息内容

信息内容涉及教育空间的交通图、导览图、空间功能布局图、宣传信息、空间介绍及其他说明等。

（3）设置与安装

教育空间的信息标识设置应根据教育空间分级确立信息节点，如大堂、走廊的转折节点处，结合空间的规模、形态和复杂程度，以及不同客群的识别读取能力等因素加以设置，并确定安装方式。

（4）形式示意（图F21、图F22）

项目名称：青岛万达赫德双语学校
标识类型：信息标识
标识说明：标识设计以简约的造型搭配分区色彩，采用易于更换的安装结构制作信息水牌，底部结合了平面图设置
材料工艺：金属板烤漆制作标识主体，信息条可更换
安装方式：依附式

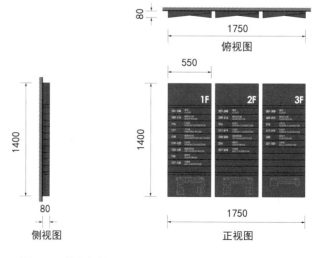

图 F21　信息标识

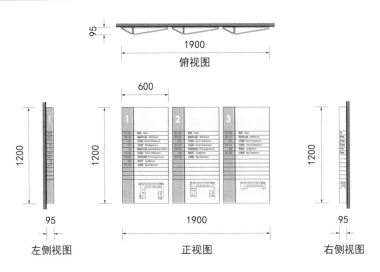

项目名称：青岛万达赫德双语学校
标识类型：信息标识
标识说明：简约造型搭配分区色彩，清晰的分层
　　　　　信息结合底部平面图设置
材料工艺：金属板烤漆制作标识主体，信息条可
　　　　　更换
安装方式：依附式

图 F22　信息标识

F 4.3　导向标识设计

（1）功能

用于指引使用者在通往目的地过程中使用的公共信息图形标识，对前进方向有预示和强调作用。

（2）信息内容

信息内容由图形标识、文字标识与箭头符号等组合形成，内容包括地点、方向及距离等信息。

（3）设置与安装

导向类标识主要设置在水平交通空间，如走廊的转折节点处，标识尺度、安装位置、安装高度都需要根据空间环境进行设置，需符合人机工程学及整体空间环境的尺度要求。

（4）形式示意（图 F23、图 F24）

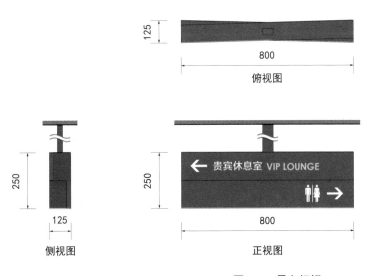

项目名称：青岛万达赫德双语学校
标识类型：导向标识
标识说明：简约造型搭配分区色彩，中英文信息
　　　　　及图形符号配合方向箭头清晰导向
材料工艺：金属板烤漆制作标识主体，信息丝网
　　　　　印刷
安装方式：悬挂式

图 F23　导向标识

项目名称：青岛万达赫德双语学校
标识类型：导向标识
标识说明：简约造型搭配分区色彩，中英文信息
及图形符号配合方向箭头清晰导向
材料工艺：金属板烤漆制作标识主体，信息丝网
印刷
安装方式：悬挂式（吸顶式）

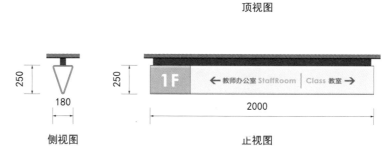

顶视图

侧视图　　　　　　正视图

图 F24　导向标识

F 4.4　位置标识设计

（1）功能

教育建筑寻路或造访的最终目的地就是教育的功能房间或区域。位置标识、编号是用于标明服务设施或服务功能所在位置。

（2）信息内容

信息内容由图形标识和文字标识等组成。当同一种空间功能、服务设施或设备设施重复出现时，建议对其进行编号以示区别，编号命名应遵循逻辑、易懂。

（3）设置与安装

通常在人们视线所及的墙面上或服务功能房间的门上设置垂直位置标识，以明确位置功能。

（4）形式示意（图 F25 ～图 F27）

项目名称：青岛万达赫德双语学校
标识类型：位置标识
标识说明：标识设计以简约的造型搭配分区色彩，
配合简洁的图形符号
材料工艺：金属板烤漆制作标识主体，信息丝网
印刷
安装方式：依附式

俯视图

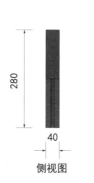

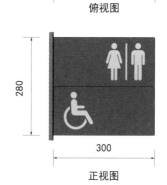

侧视图　　　　　　正视图

图 F25　位置标识

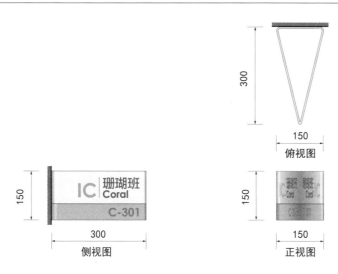

项目名称：青岛万达赫德双语学校
标识类型：位置标识
标识说明：简约造型搭配分区色彩，中英文信息
　　　　　结合房间号设计
材料工艺：金属板烤漆制作标识主体，信息丝网
　　　　　印刷
安装方式：依附式

图 F26　位置标识

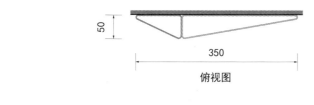

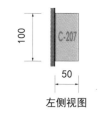

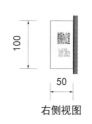

项目名称：青岛万达赫德双语学校
标识类型：位置标识
标识说明：简约造型搭配分区色彩，中英文信息
　　　　　结合房间号设计
材料工艺：金属板烤漆制作标识主体，信息丝网
　　　　　印刷
安装方式：依附式

图 F27　位置标识

F 4.5　警示禁制标识设计

（1）功能

满足运营管理需求、传达安全信息、提醒关注环境、禁止不安全行为、避免发生危险。

（2）信息内容

由图形符号和文字信息构成，显示警告、提示、禁止、限制等信息。

（3）设置与安装

警示禁制标识应设置在禁止、限制或潜在危险区等位置，重点应设置在大堂、走廊、楼梯、卫生间等人员密集区域。

（4）形式示意（图 F28）

项目名称：青岛万达赫德双语学校
标识类型：警示禁制标识
标识说明：标识设计以简约的造型搭配分区色彩，
　　　　　配合简洁的图形符号
材料工艺：金属板烤漆制作标识主体，信息丝网
　　　　　印刷
安装方式：依附式

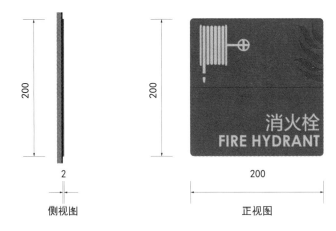

侧视图　　　　　　　　　　正视图

图 F28　警示禁制标识

F 4.6　教育宣传标识

（1）功能

满足教育教学的宣传需求，传达学校历史文化知识等信息，烘托学校的文化氛围，展现学校文化形象。

（2）信息内容

由图片、照片、文字、符号等内容组成，重点传播及科普校史、校训、名人名言、科学知识等内容。

（3）设置与安装

一般采用依附形式，设置于大堂空间、走廊空间、步梯转折空间的墙面上，呈点状序列分布。

（4）形式示意（图 F29）

项目名称：青岛万达赫德双语学校
标识类型：教育宣传标识
标识说明：标识设计以简约的造型搭配分区色彩，
　　　　　配合简洁的图形符号
材料工艺：金属板烤漆制作标识主体，信息丝网
　　　　　印刷
安装方式：依附式

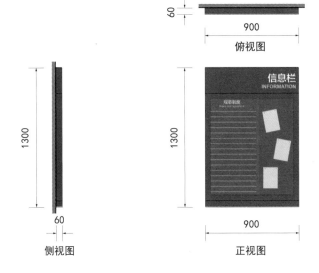

俯视图

侧视图　　　　　　　　　　正视图

图 F29　教育宣传标识

教育建筑导向系统工程案例 F5

名称	项目类型	建筑规模	项目地点
青岛万达赫德双语学校 （图 F30～图 F32）	幼儿园、小学及中学综合型学校	总规划用地面积约 8.6 万 m² 总建筑面积 6.98 万 m²	青岛

项目特点：

青岛万达赫德双语学校是青岛首家 15 年一贯制双语学校，与英国顶尖私立寄宿制学校赫特伍德豪斯公学是姐妹学校。

标识特点：

学校的导向标识系统秉承了国际化、简约化的设计语言，通过简洁的形体、多变的色彩、便捷可拆卸的牌体结构，打造了从幼儿园至中学的全套标识系统

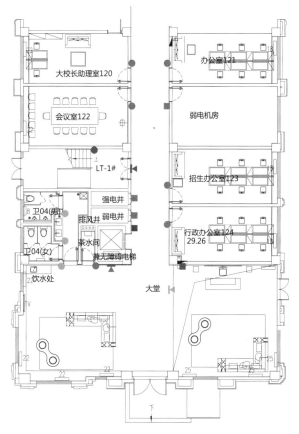

图 F30　首层点位图

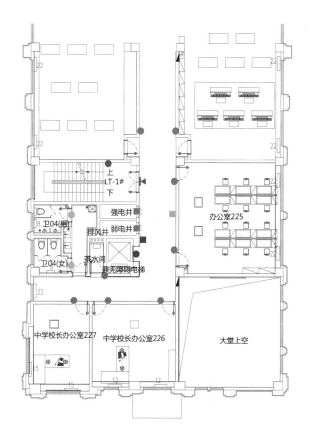

图 F31　标准层点位图

图例	名称	图例	名称
▼	大堂综合信息标识	●	卫生间位置标识
▼	楼层综合信息标识	●	电梯间位置标识
▼	客流导向标识	■	设备间位置标识
●	楼梯间位置标识	■	消火栓位置标识
●	门牌号位置标识	■	消防疏散图位置标识
■	警示禁制标识		

图 F32　青岛万达赫德双语学校导向系统

名称	项目类型	建筑规模	项目地点
北京外国语大学（图F33）	综合型大学	东、西两个校区，辖21个教学系部	北京

项目特点：

位列国家首批"211工程"，入选"985工程"，为财政部6所"小规模试点高校"之一，国家首批"双一流"世界一流学科建设高校，国际大学翻译学院联合会成员，是京港大学联盟、中日人文交流大学联盟高校。中国外国语类高等院校中历史悠久、教授语种最多、办学层次齐全的全国重点大学，被誉为"共和国外交官摇篮"。

标识特点：

标识总体风格简洁大方，与室内装修融合密切，总体色系以黑白色为主，所有行政办公区标识均为黑色系，所有教学区标识均为白色系，整体风格明显，设计感强

图F33　北京外国语大学导向系统（一）

图 F33　北京外国语大学导向系统（二）

教育建筑推荐优先选用的国家标准图形符号 F6

本部分摘自 GB/T 10001 系列《公共信息图形符号》，由全国图形符号标准化技术委员会（SAC/TC 59）提供并归口。

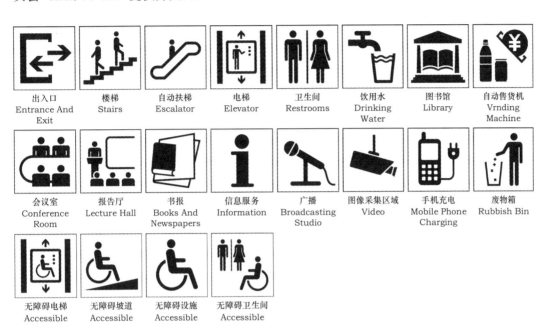

| 出入口 Entrance And Exit | 楼梯 Stairs | 自动扶梯 Escalator | 电梯 Elevator | 卫生间 Restrooms | 饮用水 Drinking Water | 图书馆 Library | 自动售货机 Vrnding Machine |

| 会议室 Conference Room | 报告厅 Lecture Hall | 书报 Books And Newspapers | 信息服务 Information | 广播 Broadcasting Studio | 图像采集区域 Video | 手机充电 Mobile Phone Charging | 废物箱 Rubbish Bin |

| 无障碍电梯 Accessible Elevator | 无障碍坡道 Accessible Ramp | 无障碍设施 Accessible Facility | 无障碍卫生间 Accessible Toilet |

SectionG

医疗建筑

导向系统

G1 医疗建筑导向系统的基本概念

G1.1 医疗建筑的基本概念

医疗建筑有别于一般建筑，是以治疗疾病、维护人类健康为目标的，用来支撑社会医疗、保健和福利制度的建筑设施，是特殊建筑的一种。这一特殊性来源于"医疗体系"所具有的专业性、多样性、复杂性等。医疗建筑需要把复杂的医疗体系的专业知识与建筑专业知识结合起来，建筑物还要能够适应不断变化的医疗体系，能够预料医疗需求，具备能够适应现在和未来需要的功能。

医疗建筑中占主导地位的是医院建筑，通常由五个主要部分构成，一般包括门诊部、住院部、医技部、管理部门和后勤保障。现在越来越多的教、科、医一体化医院还包括科学研究部门。

G1.2 医疗建筑的基础类型及导向需求

医疗建筑根据使用对象和建筑特征的不同，对于导向系统的主要范围和使用需求也有差异（表G1）。

医疗建筑的基本类型和导向需求概要　　　　表 G1

类型		使用对象	空间特点	导向系统的使用需求
综合医院	分散式	就诊人员、就诊陪同人员、探访者、常驻医护人员、管理服务人员等	门诊、医技、病房以及后勤部门等分栋建造，围绕垂直交通空间，水平方向延展布置各个目的地模块，并以连廊相接	● 主要服务于医疗建筑对内、接诊、住院、公共服务空间访客，提供空间布局及功能分区，依据就诊流程完成空间引导。 ● 关注垂直交通、水平交通空间中访客行为模式、导向、需求，完成空间导向。 ● 依据功能分布就诊流程、服务功能，为使用者提供医疗建筑空间医疗信息和公共设施信息导向系统。 ● 关注为使用者提供离开医疗建筑所需的公共设施信息和交通信息系统。 ● 导向标识设计应考虑目标受众人群的基本情况、医疗行业特点，完成符合环境特点和建筑装饰装修风格的设计
	集中式		门诊、医技、病房以及后勤部门等集中布置，围绕垂直交通空间，垂直方向叠加布置各个目的地模块，竖向发展形成建筑综合体	
	半集中式		采用以上两种布局的组合形态，通常由高层住院部及多层门诊、医技裙房组成	
专科医院	一般专科医院	使用对象与综合医院相同，主要区别于就诊患者的统一性，如儿童医院、口腔医院等	建筑特征与综合医院大致相同，区别于针对患者的共同特征，调整空间环境	
	特殊专科医院	主要服务于有特殊性就医需求的特殊就诊人员及陪同人员，如精神病医院、肿瘤医院等	区别于病患的特殊性将特殊病科、病房等进行隔离设置，在建筑处理上应利于监护管理和防止自杀或伤人事故	
社区诊所	社区诊所	主要服务于社区内部居民	通常为单层或一拖二商铺	导向系统依据就诊流程，在就诊空间重点设置醒目性、系统性、人性化的功能空间的位置信息

G1.3　医疗建筑导向系统的概述

医疗建筑导向系统是指设置在医疗建筑室内空间中，通过各类标识形体承载文字、符号、图形，以及色彩视觉要素，遵循诊前、就诊、诊后流程，立足于建筑空间功能布局和运营管理，服务于就诊者、探访者、医护人员、运维管理者等各类人员，提供公共信息系统，主要包括：信息标识、导向标识、位置标识、导向线、警示禁制性标识等。

医疗建筑导向系统是医疗建筑室内细部设计的重要内容，主要服务范围为医疗建筑的公共空间。它的规划是空间环境整体规划的一部分，同时会受到功能布局和运营管理的影响与限制。导向系统应遵循相关标准进行布点规划和标识设计。

医疗建筑室内导向系统在体现导向功能的同时，还应展现医疗文化。医疗文化主要包括医院硬件建设、服务设施等，其内涵体现其思想观念、行为模式、医患关系等精神文化。

G1.4　医疗建筑导向系统的主要特点

（1）功能特点

1）医疗建筑空间依据就医流程设立医疗建筑导向系统，可分为诊前导向系统、就诊导向系统、就诊后导向系统以引导访客实现流程简捷、识别高效；

2）医疗建筑导向系统其导向要素主要设置于入口空间、交通空间、就诊空间、住院空间、服务空间以及后勤空间，应具备统一性、规范化、连续性；

3）针对医疗建筑区域功能划分，可增加区域标志色，分别应用于导向要素、信息标志以及平面示意图中，高效准确地满足访客寻路需求；

4）医疗建筑无障碍设施导向系统，应符合《公共信息导向系统 设置原则与要求 第1部分：总则》GB/T 15566.1中规定。

（2）美学特点

1）导向标识的室内空间界面的部品属性强，应与医疗建筑空间相协调；

2）标识设计应直观、易识别、有安全性和亲和性；

3）标识的体量尺度可以尝试标准化、模数化设计与空间相协同；

4）在色彩的运用上应关注就医访客人员的心理特点，研究颜色的应用及设计表达；

5）由于医疗建筑的特殊功能，应在材料选择上运用更便于清洁维护的材料工艺。

（3）运营特点

1）医疗建筑导向标识的信息承载量大，公共信息的传递应便捷高效；

2）医疗建筑导向系统应具备简明性、连续、规律、全面、统一、识别性强等特点；

3）随科技发展、医疗改革和就诊流程的优化，需关注各类标识智能化、智慧化。

G2 医疗建筑空间环境构成及行为模式

G 2.1 空间环境的构成

根据医疗建筑的功能布局和空间特征，医疗建筑导向标识主要服务的空间环境可划分为入口空间、交通空间、就诊空间、住院空间、服务空间、后勤空间。具体包括：

入口空间——建筑出入口、大厅、门厅和地下停车场门厅等；

交通空间——电梯（间）、扶梯、楼梯（间）、走廊、连廊等；

就诊空间——科室、医技室、候诊区域；

住院空间——病房、医生办公室、护士站；

服务空间——洗手间、茶水间、清洁间等；

后勤空间——办公、储藏、消防控制等。

G 2.2 服务人群分析

（1）访客

医疗建筑因建筑类型的不同，建筑特征也具有一定差异性，访客以就诊患者、就诊陪同人员、探访者为主，活动区域主要集中在就诊及病房区域的公共空间，同时，多数为初次来访者，他们对室内空间布局相对陌生，需依靠导向系统来满足这类人群的寻路需求。

（2）医护人员

医疗建筑的医护人员主要有医院内部的医生、护士、护工等服务人员，他们长期在这种熟悉的环境中工作，在脑海中对内部空间都已形成了比较详细的认知，对于各个功能空间的相对位置也较为了解，这类群体对于标识的依赖较少。而临时医护人员相对常驻医护人员来说，对环境相对陌生，对导向标识系统需求较大。

（3）管理服务人员

一般指医疗建筑内的管理、物业、后勤、安保等服务人员。他们除了对于自己工作所属的环境非常熟悉外，还需了解非公共的办公空间，以及整体环境中的一些捷径、禁区等特殊空间，并需要在维修、维护时快速辨识。

G 2.3 行为模式及空间特点

医疗建筑的行为模式取决于内部的空间结构和就医组织流线。医疗建筑交通流线主要有就诊流线、探访流线、服务流线、物品流线四大类。医疗建筑导向系统研究主要基于就诊流线展开（图 G1），主要是引导外来患者在医疗建筑室内的寻路过程，以研究患者行为模式为基础，在不同的交通节点给予患者不同的信息呈现和标识引导，帮助患者作出寻路判断。

患者活动的空间主要集中在就诊区，这类公共空间具有开放性和复杂性等特点，在大厅、交通空间等重要的交通节点要呈现全面的信息系统，标识设置需延伸至科室内部。就诊区对于标识系统要求更全面。对患者进入医疗建筑室内的行为模式进行细分和研究，形成完整的寻路顺序，这成为医疗建筑访客的主要行为流线（图 G1）。访客行为模式的简图可以作为导向系统设计的基础，使设计人员拥有从总体规划到细部设计均可遵从的原则、程序和方法。

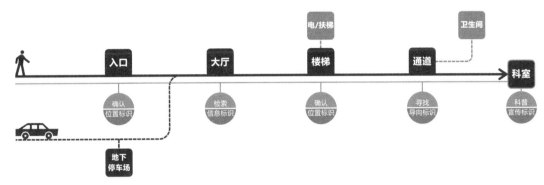

图 G1　医疗建筑患者行为模式简图

综合医院，根据患者就医科室不同，目的地也不同。一般比较注重大堂空间中对整体建筑业务布局的信息呈现以及就诊流程说明等信息的呈现，属于患者根据就医需求选择目的地并进行寻路。

专科医院，就医流程及就医流线相对单一、流程简洁，针对专科医院患者的特殊性，需重点考虑导向系统所呈现的空间氛围及医疗文化，如儿童医院的导向系统需体现活泼氛围，降低儿童的恐惧感。

社区诊所，建筑体量相对较小，对标识系统的需求也相对较小，主要关注房间的位置确认。

G 2.4　医疗建筑环境对导向系统的需求

医疗建筑环境根据空间类型、空间功能、空间环境特点的不同，对导向标识的需求和配置有所差异（表 G2、表 G3）。入口空间作为患者进入医疗建筑的首要空间，需设置信息标识，呈现整个建筑的空间布局、科室信息、公共服务设施信息、管理运营信息等内容，满足访客在入口空间进行索引和判断，多以平面图形式呈现。垂直交通空间需有明确的位置标识，尤其是对于可达楼层不一致的交通核，需要明确的指引和位置标示。对于抵达目的楼层空间区域，需要设置信息标识，显示本楼层空间布局及科室信息等。水平交通空间是连接就诊区域、住院区域、服务区域、后勤区域的通道，需在决策节点设置客流导向标识，对各功能用房进行明确的指引和分流。对于寻路末端的就诊区域、住院区域、服务区域、后勤区域，需设置位置标识，明确用房的功能和名称、编号等。关于警示禁制标识在有需要警示、提示、禁止、说明的场所均可设置。

医疗建筑各类空间对导向系统的配置需求 表 G2

空间环境		信息标识			导向标识	位置标识	警示禁制标识
		综合信息标识	楼层信息标识	宣传信息标识			
入口空间	建筑出入口			○		●	●
	大厅、门厅	●		●	○	○	●
	地下停车场门厅等	●				●	
交通空间	走廊、通道、连廊、转换层等			●	●		●
	电梯（间）		●	●		●	●
	扶梯		●	○	●	○	○
	楼梯（间）		○	○		●	○
就诊空间	科室、医技室、候诊区域等			●	●	●	●
住院空间	病房、医生办公室、护士站等			●	●	●	●
服务空间	洗手间、茶水间、休息室等					●	●
后勤空间	清洁间、监控室、设备间等					●	○

● 应设置
○ 宜设置

医疗建筑标识信息系统对应表 表 G3

标识类型 \ 信息类别		空间信息（楼座、楼层等）	流程信息（挂号、诊疗、检验等）	交通信息（楼梯、电梯、扶梯等）	服务信息（卫生间、餐饮等）	说明信息（专家、指南、宣教信息等）	管理信息（规定、制度等）	警示禁制信息（警告、提示等）
标识类型	信息标识	●	●	●	●	○	○	●
	导向标识	●	●	●	●			
	位置标识	●	●	●	●			○
	警示禁制标识				○			●
	宣传标识		●			●	●	○

● 应设置
○ 宜设置

医疗建筑导向系统规划设置导则

G 3.1 概述

　　医疗建筑导向标识设置空间主要包含入口空间、交通空间、就诊空间、住院空间、服务空间以及后勤空间，依照空间功能使用需求，结合患者流线及行为模式，设置相对应的导向标识。导向标识主要包括信息标识、导向标识、位置标识、警示禁制标识，宣传标识。

　　实际应用项目案例中通常依据空间环境、功能性质、业主要求等，拟定更细分的标识名称。如本章实例涉及的标识有：大堂综合标识、扶梯综合标识、科室介绍标识、专家介绍标识、电梯（间）综合标识、楼梯（间）综合标识、楼层号说明标识，其同属于信息标识。

G 3.2 入口空间

　　入口空间主要涉及标识系统中的信息标识、导向标识、位置标识、警示禁制标识。

　　医疗建筑入口空间是患者了解建筑布局、确认目的地的交通枢纽空间，根据患者就诊流线分析，应设置明显的位置标识（图 G2、图 G3），根据观看距离、观看角度确定设置位置和设置情况，常见安装方式为依附式，设置于入口正门或者雨檐的上方（图 G4）。同时根据设置位置、信息内容及入口建筑空间环境确定标识的形式、尺寸、色彩和发光方式。

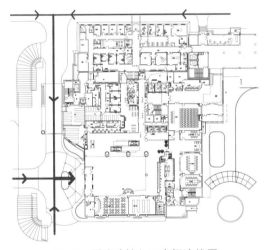

图 G2　医疗建筑入口空间流线图

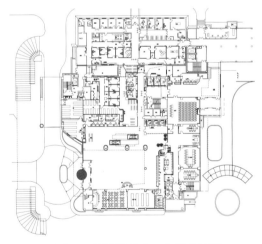

图 G3　医疗建筑入口空间点位图

图G2、图G3图例
→空间流线
● 入口位置标识

图 G4　入口空间标识（依附式）

在大厅等室内入口空间，以空间环境和流线分析为基础，设置综合信息标识、位置标识、导向标识和警示禁制标识。其中，在进入门厅后的明显位置通常设置综合信息标识，常见形式有立地式和依附式。在出入口和问讯处等空间节点设置位置标识（图G5、图G6）。其中，在进入门厅后的明显位置通常设置综合信息标识，常见形式有矗立式和依附式，形象宜简洁、明了，直接反映空间功能信息。在通道、连廊、大厅等空间节点处设置导向标识，引导患者寻找电梯（间）、扶梯、卫生间、问询处等服务信息，以及主要科室等就诊信息，通常以悬挂式为主，形式根据空间和设计风格而定（图G7）。

图G5、图G6图例
→ 空间流线
◎ 大堂综合标识
◎ 扶梯综合标识
— 客流导向标识
● 导医台位置标识
● 取药处位置标识
● 缴费处位置标识
● 挂号处位置标识
▲ 科室介绍标识
▲ 专家介绍标识

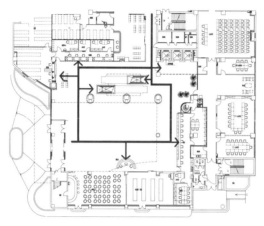
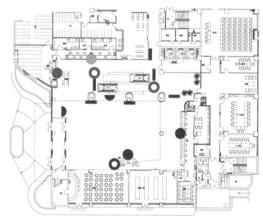

图 G5　大堂空间流线图　　　　图 G6　大堂空间点位图

图 G7　大堂空间标识（悬挂式、依附式）

G 3.3　交通空间

交通空间主要涉及标识系统中的信息标识、导向标识、位置标识、警示禁制标识。

医疗建筑中的楼梯（间）、电梯（间）、扶梯、通道、连廊等交通空间，作为访客纵向和横向交通的重要空间，标识设置应主要满足访客寻路需求（图G8、图G9）。一般医疗建筑以电梯（间）、扶梯作为主要的交通形式。在电梯（间）墙面、扶梯侧面合适位置设置楼层信息标识（图G10～图G12），常见安装方式为矗立式或依附式。在电梯（间）、扶梯和楼梯（间）入口应设置位置标识，直接反映当前空间功能信息，常见安装方式为依附式，特殊位置采用悬挂式。通道、连廊等作为主要横向的交通空间，在人流动线交通节点应设置导向标识，必要的人流动线交通节点也应设置信息标识图（图G13～图G15）。患者在危险潜在区应设置警示禁制标识，提醒访客注意到警告、提示、禁止及限制等层面的信息。

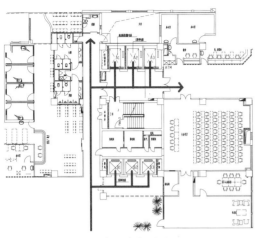
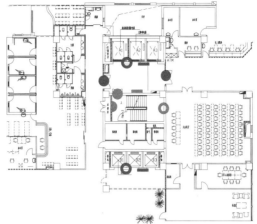

图G8、图G9图例
→ 空间流线
◎ 电梯间综合标识
◎ 楼梯间综合标识
— 平面导向标识
— 电梯间导向标识
● 电梯间位置标识
● 楼梯间位置标识
▬ 楼层号说明标识

图 G8　交通空间流线图　　　　　图 G9　交通空间点位图

图 G10　交通空间标识
（矗立式）

图 G11　交通空间标识
（悬挂式）一

图 G12　交通空间标识
（依附式）一

图 G13　交通空间标识（依附式）二

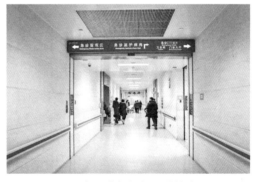

图 G14　交通空间标识（悬挂式）二

图 G15　交通空间标识（依附式）三

G 3.4　就诊空间

就诊空间主要涉及标识系统中的位置标识、警示禁制标识、宣传标识。

就诊空间通常有半开敞式与封闭式两种类型，一般设置有科室门牌、科室编号等位置标识，通常为依附式（图G16）。候诊区域墙面通常设置宣传标识，进行医疗知识科普等，根据实际情况可设置警示禁制标识，通常为依附式。

图 G16　就诊空间标识（依附式）

G 3.5　住院空间

住院空间主要涉及标识系统中的导向标识、位置标识。

住院空间较简洁，一般包含病房、护士站、医生办公室三种用房，需对应各自的用房设置位置标识，通常以依附式为主（图 G17）。

走廊交通节点处常设置导向标识，主要用于指引公共服务设施位置，通常以依附式为主。

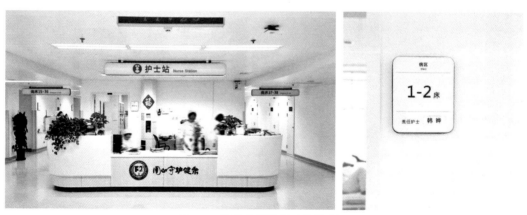

图 G17　住院空间标识（依附式）

G 3.6 服务空间

服务空间主要涉及标识系统中的位置标识。

医疗建筑空间的卫生间、服务台等服务设施，通常具有短时间访客流量大、使用频率高等情况，应设置明显的位置标识，直接反映当前空间功能，常见安装方式为依附式（图 G18）。

图 G18　服务区域标识（依附式）

G 3.7 后勤空间

后勤空间主要涉及标识系统中的导向标识、位置标识、警示禁制标识。

医疗建筑的后勤空间主要为管理服务人员进行运营管理的空间，标识的设置满足基本运营管理即可，数量不宜过多，设置基本的导向标识、位置标识和警示禁制标识，明确空间职能，其常见的安装方式为依附式或悬挂式（图 G19）。

图 G19　后勤区域标识（依附式）

G4 医疗建筑导向标识设计导则

G 4.1　概述

医疗建筑导向系统按照服务功能和载体形式的不同，主要包括信息标识、导向标识、位置标识、警示禁制标识，宣传标识，这五类标识的设计和设置需要从标识在空间环境中的尺度关系、标识形体与色彩、平面要素、标识工艺设计四个层次综合考虑，在明确标识功能的基础上，进一步确定标识的信息内容、设置与安装形式，揭高标识的视觉美学等，并与环境条件充分融合。

G 4.2　信息标识设计

（1）功能

综合信息显示整个医疗建筑或指定楼层就诊区域的平面空间布局图、科室信息、公共服务设施信息、管理信息等，平面空间分布图包含科室布局、服务设施位置分布、后勤用房分布等的总导览平面图。从所属空间类型可细分为综合信息标识和楼层信息标识。

（2）信息内容

信息内容涉及医疗空间的就诊流程图、导览图、就诊指南、服务理念、宣传信息、空间介绍及其他相关说明性信息等。

（3）形式示意（图 G20～图 G22）

项目名称：北京大学口腔医院
标识类型：信息标识
标识说明：根据层高选用吸顶形式
材料工艺：铝板表面汽车烤漆，信息丝网印刷
安装方式：依附式

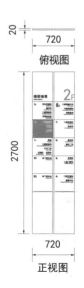

俯视图

2700

2700

20
侧视图

720
正视图

图 G20　信息标识一

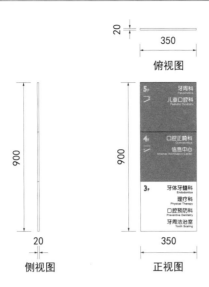

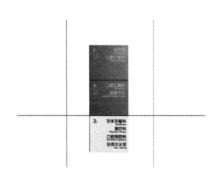

项目名称：北京大学口腔医院
标识类型：信息标识
标识说明：根据现场环境调整标识尺寸
材料工艺：铝板表面汽车烤漆，信息丝网印刷
安装方式：依附式

图 G21　信息标识二

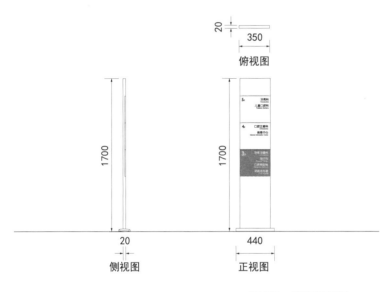

项目名称：北京大学口腔医院
标识类型：信息标识
标识说明：设置于扶梯／楼梯的起始端
材料工艺：铝板表面汽车烤漆，信息丝网印刷
安装方式：矗立式

图 G22　信息标识三

G 4.3　导向标识设计

（1）功能

用于指引使用者在通往目的地的过程中使用的公共信息图形标识，便于使用者辨别方向，在决策点正确选择行进路线，对前进方向有预示和强调作用。导向标识可与地图信息相结合，实现快速指引、快捷服务等需求。

（2）信息内容

由图形标识、文字标识与箭头符号等组合形成，内容包括空间信息、科室信息、服务信息、交通信息、方向、楼层信息等。

（3）形式示意（图 G23 ～图 G25）

项目名称：北京大学口腔医院
标识类型：导向标识
标识说明：根据层高选用吸顶形式
材料工艺：铝板表面汽车烤漆，信息丝网印刷
安装方式：悬挂式

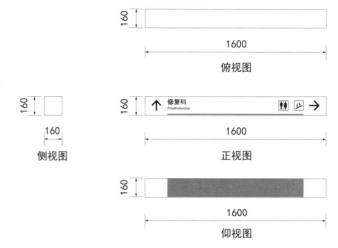

图 G23　导向标识一

项目名称：北京大学口腔医院
标识类型：导向标识
标识说明：根据信息内容选用标识规格
材料工艺：铝板表面汽车烤漆，信息丝网印刷
安装方式：依附式

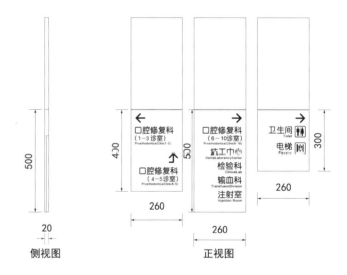

图 G24　导向标识二

项目名称：北京大学口腔医院
标识类型：导向标识
标识说明：设置于电梯间墙面
材料工艺：铝板表面汽车烤漆，信息丝网印刷
安装方式：依附式

图 G25　导向标识三

G 4.4 位置标识设计

（1）功能概述

医疗建筑寻路或造访的最终目的地就是诊疗功能房间或区域，位置标识、编号是用于标明服务设施或服务功能所在位置的公共信息图形标识。

（2）信息内容

由图形标识和文字标识等组成，当同一种空间功能、服务设施或设备设施重复出现时可将标识设置在地上，可清晰地传达出走廊所引导的功能空间目的性。

（3）形式示意（图 G26～图 G28）

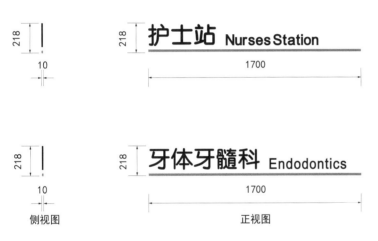

项目名称：北京大学口腔医院
标识类型：位置标识
标识说明：结合内装护士站顶部墙面
材料工艺：亚克力激光切割立体字
安装方式：依附式

图 G26 位置标识一

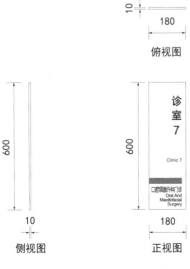

项目名称：北京大学口腔医院
标识类型：位置标识
标识说明：根据内装立面确认固定方式
材料工艺：铝板表面汽车烤漆，信息丝网印刷
安装方式：依附式

图 G27 位置标识二

项目名称：北京大学口腔医院
标识类型：位置标识
标识说明：结合内装墙面石材分隔
材料工艺：铝板表面汽车烤漆，信息丝网印刷
安装方式：依附式

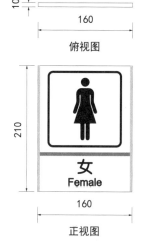

俯视图

侧视图

正视图

图 G28　位置标识三

G 4.5　警示禁制标识设计

（1）功能

满足运营管理需求、传达安全信息、提醒关注环境、禁止不安全行为、避免发生危险。

（2）信息内容

由图形符号和文字信息构成，显示警告、提示、禁止、限制等信息。

（3）形式示意（图 G29～图 G30）

G 4.6　宣传标识设计

（1）功能

通过导向系统体现医疗文化内涵，展示医院的整体形象及服务理念。同时将对患者的关爱体现为热情、温暖、亲切的图文信息交流，使医院建筑的管理达到整体化、合理化和责任化。

项目名称：北京大学口腔医院
标识类型：警示禁制标识
标识说明：设置于非公共区域入口处
材料工艺：铝板表面汽车烤漆，信息丝网印刷
安装方式：依附式

俯视图

侧视图

正视图

图 G29　警示禁制标识一

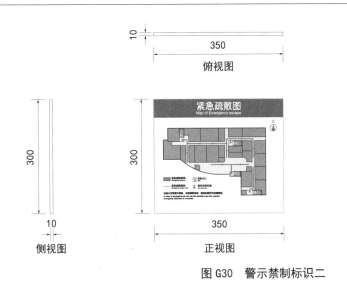

项目名称：北京大学口腔医院
标识类型：警示禁制标识
标识说明：设置于楼梯间入口附近墙面
材料工艺：铝板表面汽车烤漆，信息丝网印刷
安装方式：依附式

图 G30 警示禁制标识二

（2）信息内容

由图形标识和文字标识等组成，重点展示就医流程、普及医疗常识、体现医师水平，体现医院服务理念。

（3）形式示意（图 G31）

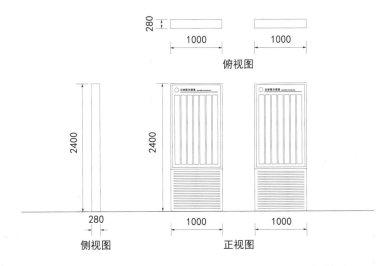

项目名称：北京大学口腔医院
标识类型：宣传标识
标识说明：设置于科室候诊区域
材料工艺：铝板表面汽车烤漆，信息可更换
安装方式：矗立式

图 G31 宣传标识

G5 医疗建筑导向系统工程案例

名称	项目类型	建筑规模	项目地点
北京大学口腔医院（图G32）	专科医院	3.54万m²	北京

项目特点：

1）三级甲等口腔专科医院，集医疗、教学、科研、预防、保健为一体全面发展的大型口腔医院、口腔医学院和口腔医学研究机构。

2）室内标识设计延续了内装的简洁清爽特点，以几何形体的长宽比例变化作为标识形体基础。

3）材质选用了易于加工、轻便环保的铝板作为标识主材，信息丝网印刷，便于施工。

4）标识色彩以干净的白色为主，搭配淡雅的香槟金色，与内装色系协调统一

图G32 北京大学口腔医院导向系统（一）

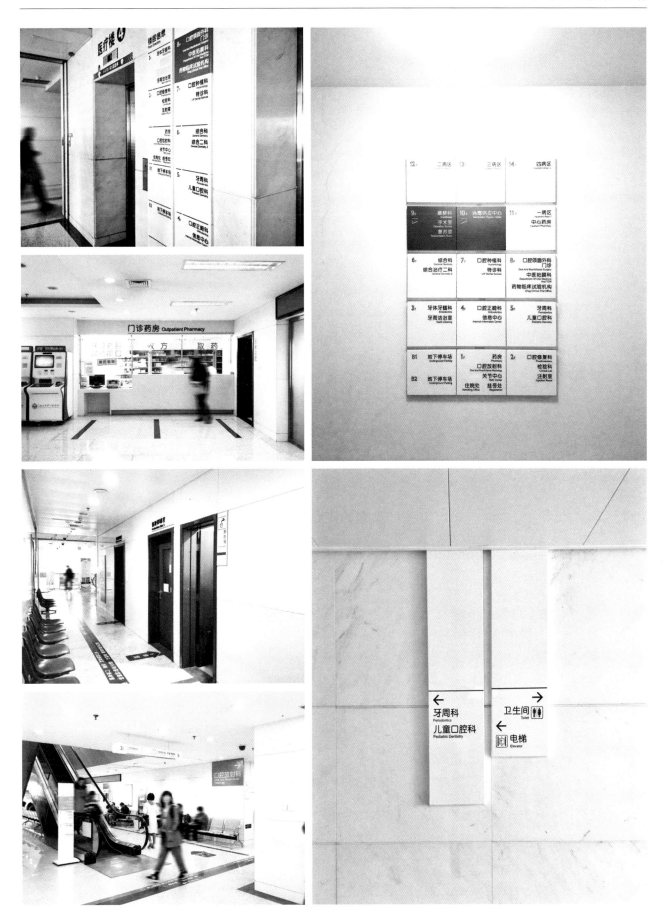

图 G32　北京大学口腔医院导向系统（二）

名称	项目类型	建筑规模	项目地点
中国医学科学院阜外心血管病医院（图 G33）	综合医院	4.3 万 m²	北京

项目特点：

1）国家级三级甲等心血管病专科医院，也是国家心血管病中心、心血管疾病国家重点实验室、国家心血管疾病临床医学研究中心所在地。

2）室内导向系统紧密结合就医流程进行系统性规划，标识分级从信息分级着手，根据信息量的大小、重要程度的排列决定标识的级别和尺寸。

3）造型设计上采用了 ipad 的流线型收角方式，赋予造型一定的科技感与时尚感。

4）材质采用了石材与棉麻相结合的方式，不同质感材质的对比结合衬托出医院的特有氛围

图 G33　中国医学科学院阜外心血管病医院导向系统（一）

图 G33　中国医学科学院阜外心血管病医院导向系统（二）

医疗建筑推荐优先选用的国家标准图形符号

本部分摘自 GB/T 10001 系列《公共信息图形符号》，由全国图形符号标准化技术委员会（SAC/TC 59）提供并归口。

| 出入口 Entrance And Exit | 自动扶梯 Escalator | 电梯 Elevator | 饮用水 Drinking Water | 医院 Hospital | 等候区 Waiting Area | 问讯 Enquiry | 图像采集区 Video |

| 心血管内科 Cardiology and Vascular Department | 肾内科 Nephrology Department | 神经内科 Neurological Medicine Department | 普通外科 General Surgery Department | 儿科 Pediatrics Department | 眼科 Ophthalmology Department | 口腔科 Stomatology Department | 传染科 Infectious Diseases Department |

| 护士站 Nursing Station | 急诊 Emergency | 外科 Surgery Department | 药房 Pharmacy | 无障碍设施 Accessible Fecility | 无障碍停车位 Accessible Parking Space | 无障碍通道 Accessible Passage | 无障碍卫生间 Accessible Toilet |

SectionG
医疗建筑

G

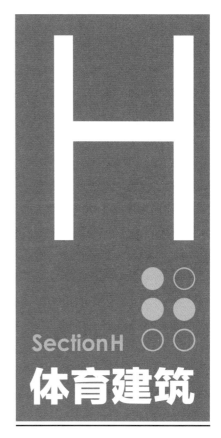

H

SectionH

体育建筑

导向系统

H1 体育建筑导向系统的基本概念

H1.1 体育建筑的基本概念

体育建筑是作为体育竞技、体育教学、体育娱乐和体育锻炼等活动的建筑物。结合城市的规划与发展，大型体育建筑建设应充分地考虑赛后利用，更加注重突出体育文化特色与高科技产品的应用。

近些年来，越来越多城市为了提升自身知名度及形象，承办各种不同级别的体育赛事。这些体育场馆功能复杂，设计时既要妥当地处理建筑与外部场地的关系，又要保证体育馆内部各功能流线互不干扰。与此同时，现代体育建筑还应合理确定场馆尺寸及功能组合，为赛后利用提供更多的选择。

H1.2 体育建筑的类型

体育建筑起源于古希腊，主要类型包括体育场和体育馆。体育建筑在总体布局有两种形式：集中式和分散式。根据体育建筑空间访客流线的不同，导向系统规划的设计要求也不同（表H1）。

体育建筑的基本类型和导向需求概要　　　　　　　　　表 H1

类型		使用对象	空间特点	导向系统的使用需求
体育馆	比赛馆	大部分体育馆以举办专项体育活动为主，使用对象多以观看专项体育赛事或进行专项体育活动为主，管理服务人员为辅	按体育项目可分为篮球馆、冰球馆、田径馆等，观众席位相对体育场较小，多为2000～6000个席位之间	体育馆的运营特点体现在：大量访客在同一时间段内集中通过入口空间汇聚、疏散，检票后再通过标识引导至各区域通道入口及相应观众席位
	练习馆			
体育场	甲级（25000人以上）	大部分体育场多为综合性运动场。大型体育场赛后多以组织演艺、表演等活动为主要功能，使用对象多以观赛、观演访客为主，运动员、演职人员及管理服务人员为辅	体育场指有400m跑道(中心含足球场)，有固定道牙，跑道6条以上，并有固定看台的室外田径场地，观众席位及客流量相对较大，多为10000个席位以上	• 体育场相对体育馆规模较大，运营更为复杂，具有多个建筑入口，需要应对同一时间段内大量客流的汇聚，高峰负荷时的客流疏散。 • 导向系统需要关注不同功能入口访客的路径与标识信息的分级引导
	乙级（15000～25000人）			
	丙级（5000～15000人）			
	丁级（5000人以下）			

H1.3 体育建筑导向系统的概述

体育建筑导向系统是指设置于体育建筑空间内，通过文字、符号、图形以及色彩等视觉要素，服务于观众、运动员、办公管理运维人员的公共信息系统，主要包括信息标识、位置标识、导向标识、警示禁制标识等。

体育建筑导向系统是该类建筑室内细部设计的重要内容，主要服务范围为体育锻炼、体育竞技、体育教学、体育娱乐等建筑空间，并依据空间环境特点、建筑流线，结合访客的行为模式提供到达导向系统、离开导向系统及服务导向系统，完成空间布局设置布点和标识形象设计。

H1.4 体育建筑导向系统的主要特点

（1）功能特点

1）根据建筑空间内访客人员活动路线，形成到达导向系统、离开导向系统、服务导向系统；

2）到达导向系统应结合体育建筑周边交通服务设施设置，设置范围应从停车场区到体育建筑入口；

3）对于较为复杂的体育建筑，宜在主入口设置综合平面示意图，全面展示建筑空间布局及公共服务设施；

4）离开导向系统尤为重要，快速、便捷、安全地引导人们离开体育建筑，设置范围应从体育建筑内部延伸到出口外；

5）服务导向系统是在建筑空间内与休息、餐饮、购物等相关的公共服务设施信息系统。

（2）美学特点

1）导向标识的设计应与室内空间环境设计一体化考虑，保证空间环境的协调性；

2）保证导向信息识别度的同时，导向标识的呈现形式应该更简练；

3）导向标识的色彩应结合建筑特色和专项体育特点，展现体育运动精神。

（3）运营特点

体育建筑的导向系统要着重考虑功能性，考虑赛后体育建筑需满足组织演艺、表演等活动的标识引导功能，需包含运营所需的临时说明、宣传和展示其他信息的标识。

H2 体育建筑空间环境构成及行为模式

H 2.1 空间环境的构成

根据体育建筑的功能和布局特色，体育建筑的空间范围包括面客区、非面客区两大区。

各类体育建筑的组成因用途、规模和建设条件的不同差别较大，一般由比赛场地、运动员用房（休息、更衣、浴室、卫生间等）和管理用房（办公、器材、设备等）三部分组成，供竞技用的体育建筑还有观众席和裁判席、贵宾席以及休息用房。

面客区范围包含入口空间、交通空间、观赛（观演）空间、服务空间，其中服务空间包含卫生间、服务台、礼品售卖区等。

非面客区范围包含场地区、辅助用房区。场地区包含运动员、裁判员、媒体记者场地活动区域；辅助用房区包含运动员训练用房、办公用房、后勤用房等。

H 2.2 服务人群分析

（1）观众

体育建筑的主要服务人群是观赛、观演的访客，活动区域主要集中在观看比赛、演艺的空间。而观赛、观演访客多数为初次来访者，他们对建筑室内公共空间布局没有全局和深入的感观认识，需依靠导向系统来满足这类人群的高峰客流汇聚、瞬时疏散需求和瞬时识别需求。

（2）运动员、演职人员（常驻、临时）

体育建筑的运动员和演职人员主要可分为常驻类和临时类，运动员及演职人员的活动区域主要集中在进行比赛、演艺活动的空间。常驻运动员、演职人员对空间环境已经形成较为详细的认知，对于各个功能空间的相对位置也较为了解，这类群体对于导向系统的依赖较少。而临时类的运动员及演职人员相对常驻运动员、演职人员来说，对空间环境比较陌生，对导向标识的需求较大。

（3）管理服务人员

体育建筑内的管理、安保等服务人员，对工作所属的环境非常熟悉，但对非公共空间的办公空间、疏散路径，以及整体环境中的捷径、禁区等特殊空间存在快速辨识的需求。

H 2.3 行为模式

体育建筑的行为模式取决于其内部交通流线的组织。体育建筑交通流线主要有观众流线、运动员（演职人员）流线、管理服务人员流线三大类。体育建筑的导向系统研究基于观众流线展开，主要是引导观众在体育建筑室内的寻路过程（图H1）。以研究观众行为模式为基础，在不同的空间节点和决策点给予观众不同的信息呈现和标识引导，帮助观众作出寻路判断。

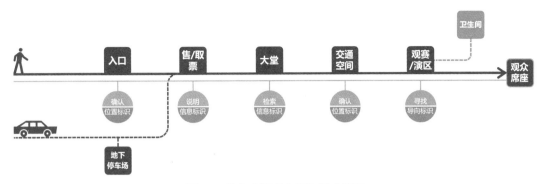

图 H1　体育建筑观众行为模式简图

H 2.4　体育建筑环境对导向系统的需求

体育建筑环境根据空间类型、空间功能、空间环境特点，对导向系统的需求和配置有所差异（表 H2、表 H3）。

入口空间作为访客进入体育建筑的首要空间，需设置综合信息标识，呈现建筑的空间布局信息，满足访客在入口空间进行检索和判断的需求。交通空间需有明确的位置标识，尤其是对于可达楼层不一致的交通核需要明确的指引和标示。对于所抵达的目的楼层，需设置楼层综合信息标识，显示本层的空间布局。在服务空间，访客对公共服务设施的需求是随时随地可能发生的，需要在访客路径中和各客流决策点上合理地设置导向标识和位置标识，对各功能用房和公共服务设施进行明确的指引和分流。对于相对独立、复杂、完整的观赛（观演）空间，在设置导向、位置标识的同时应合理地设置警示禁制标识，以满足高峰客流汇聚及疏散时对标识信息的需求。对于相对隐蔽的非面客区，多为运动员（演职人员）、管理服务人员活动的区域，需设置位置标识，明确用房及区域的名称、编号和功能等。关于警示禁制标识，在有需要警示、提示、禁止、说明的区域均可设置。

体育建筑各类空间对导向系统的空间配置需求　　　　表 H2

空间环境			信息标识		导向标识	位置标识	警示禁制标识
			综合信息标识	楼层信息标识			
面客区	入口空间	建筑出入口				●	
		大堂、门厅	●		●	●	●
		地下停车场门厅等	●	●		●	●
	交通空间	电梯（间）		●		●	●
		扶梯		●		○	●
		楼梯（间）		●		●	●
	服务空间	服务台、卫生间、礼品售卖区等			●	●	●
	观赛、观演空间	观众厅、观众席等			●	●	●
非面客区	场地区	运动员、裁判员、媒体记者活动区域			●	●	●
	辅助用房	训练用房、办公用房、后勤用房			●	●	●

● 应设置
○ 宜设置

体育建筑标识信息系统对应表　　　　　　　　表 H3

标识类型＼信息类型		空间信息（入口、大厅等）	流程信息（购票、换票、检票、观赛、观演等）	交通信息（楼梯、电梯、扶梯等）	服务信息（卫生间、礼品售卖等）	说明信息（比赛、演艺讲解，宣教信息等）	管理信息（规定、制度等）	警示禁制信息（警告、提示等）
标识类型	信息标识	●	●	●	●	○	○	●
	导向标识	●	●	●	●			
	位置标识	●	●	●	●			○
	警示禁制标识				○			●

● 应设置
○ 宜设置

体育建筑导向系统规划设置导则 H3

H 3.1 概述

体育建筑导向标识设置空间主要包含入口空间、交通空间、售/取票空间、服务空间、观赛观演空间、场地区以及辅助用房区，依照空间功能和运营需求，结合环境特征、访客流线及行为模式，设置相对应的导向标识。主要类别包括：信息标识、导向标识、位置标识、警示禁制标识。

H 3.2 入口空间

入口空间主要涉及标识系统中的位置标识。

体育建筑的入口空间是建筑的重要交通节点，能够直接反映出建筑的规模，根据空间流线分析，应设置明显的位置标识（图 H2、图 H3）。根据观看距离、观看角度确定设置位置和形式，常见安装方式为依附式，设置于入口正门或雨篷的上方（图 H4），同时根据设置位置、信息内容及入口空间环境确定标识的形式、尺寸、色彩和发光形式。

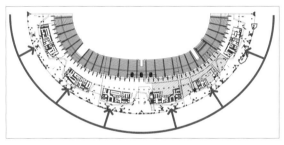

图 H2 入口空间流线图

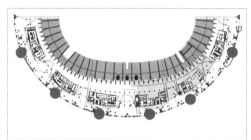

图 H3 入口空间点位图

图H2、图H3图例
 空间流线
 入口位置标识

图 H4 入口空间标识（依附式）

H 3.3 交通空间

交通空间主要涉及标识系统中的信息标识、导向标识、位置标识、警示禁制标识。

体育建筑中的楼梯（间）、电梯（间）、扶梯、通道、连廊等交通空间，一般以楼梯（间）、电梯（间）、扶梯作为主要的垂直交通空间。在电梯墙面、扶梯侧面等合适的空间应设置楼层信息标识，显示各个楼层的综合信息及空间布局（图H5、图H6），常见安装方式为矗立式或依附式（图H7）。在电梯（间）、扶梯和楼梯（间）入口应设置位置标识，直接反映当前空间功能信息，常见安装方式以依附式为主，特殊位置采用悬挂式。通道、连廊等作为主要横向的交通空间，在人流动线交通节点上应设置导向标识，在必要的人流动线交通节点上应设置信息标识，指引或呈现必要的空间信息、流程信息、交通信息和服务信息。

访客在危险潜在区应设置警示禁制标识，提醒访客注意到警告、提示、禁止及限制等信息，例如扶梯上方应设置"小心碰头"的信息，在公共空间通道与后台空间交界的位置应设置"非工作人员禁止入内"的信息。

图H5、图H6图例
→ 空间流线
● 电梯位置标识
● 楼梯位置标识
━ 客流导向标识
▲ 楼层号说明标识

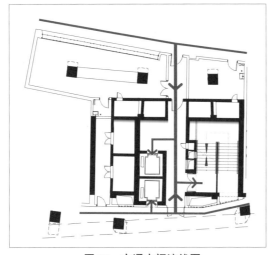

图 H5　交通空间流线图

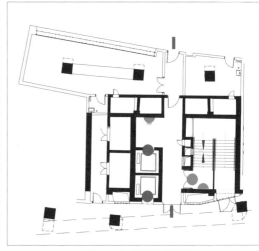

图 H6　交通空间点位图

图 H7　交通空间标识（依附式）

H 3.4 售／取票空间

售／取票空间主要涉及标识系统中的信息标识、位置标识。

体育建筑的售／取票空间是观众现场买票和取票的重要场所，应设置明显的售／取票处位置标识（图 H8），常见的安装方式为悬挂式或依附式。根据运营需求及空间布局，设置购票须知等其他类型标识。

图 H8　售／取票处位置标识（依附式）

H 3.5 服务空间

服务空间主要涉及标识系统中的位置标识。

体育建筑空间的服务台、卫生间、礼品售卖区等服务设施，对于来访观众需求较大，需要满足瞬时高峰客流的使用需求，在此区域应设置明显的位置标识，常见安装方式为依附式，同时根据设置位置、信息内容及建筑空间环境确定标识的形式、尺寸、色彩和发光方式（图 H9 ～图 H11）。

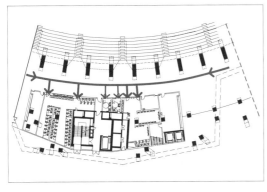

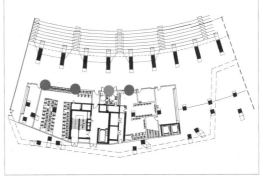

图H9、图H10图例
→空间流线
● 卫生间位置标识
● 无障碍卫生间位置标识

图 H9　服务空间流线图　　　　图 H10　服务空间点位图

147

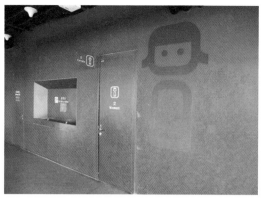

图 H11　服务空间标识（依附式）

H 3.6　观赛观演空间

观赛观演空间主要涉及标识系统中的导向标识、位置标识。

观赛观演区内部布局相对规整，在观众的寻路过程中，标识应展现完整的路径信息，清晰指引座排号、座席号，满足高峰客流的汇聚和疏散需求，常见安装方式为依附式（图 H12～图 H14）。

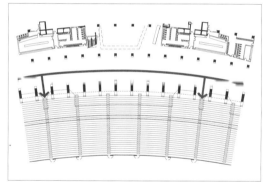
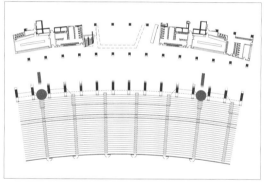

图H12、图H13图例
→ 空间流线
● 观演入口位置标识
— 客流导向标识

图 H12　观赛观演空间流线图　　　　图 H13　观赛观演空间点位图

图 H14　观赛观演空间标识（依附式）

H 3.7 场地区

场地区主要涉及标识系统中的警示禁制标识。

场地区为运动员、裁判员、媒体记者工作、参与比赛或表演的区域。场地区属于非面客区，在潜在危险区应设置警示禁制标识，提醒运动员、裁判员、媒体记者在工作、参与比赛或表演时需注意的警告、提示、禁止及限制等层面的信息（图 H15）。

图 H15 场地区（依附式）

H 3.8 辅助用房区

辅助用房区主要涉及标识系统中的信息标识、导向标识、位置标识、警示禁制标识。

体育建筑的运营及管理模式与空间布局具有较强的关联性。设计中应针对训练用房、办公用房、后勤用房的运营与管理需求加以考虑。在公共空间应设置信息标识、导向标识、位置标识和警示禁制标识（图 H16）。

图 H16 辅助用房区（依附式）

H4 体育建筑导向标识设计导则

H4.1 概述

体育建筑导向系统按照服务功能和载体形式的不同，主要包括信息标识、导向标识、位置标识、警示禁制标识，这四类标识的设置和设计需要从标识在空间环境中的尺度关系、标识形态与色彩、平面要素、标识工艺设计四个层次综合考虑，在明确标识功能的基础上，进一步确定标识的信息内容、设置与安装形式等，提高标识的视觉美学，并与空间环境充分融合。

H4.2 信息标识设计

（1）功能

信息标识分为综合信息标识和楼层信息标识，用以展示整个体育建筑或某个楼层的平面空间布局图、重要观赛观演节目介绍等信息，便于访客总体了解体育建筑内部的空间布局，帮助访客选择最佳的寻路路线、确认座席（位）及服务设施。平面空间布局图是包含观赛观演空间信息、卫生间等服务信息及出口等交通信息的总平面图。

（2）信息内容

观赛观演室内平面（竖向）空间功能布局图由空间信息、交通信息、服务信息、图廓、图名、图例和"您所在的位置"等构成。

（3）安装方式

安装方式多以矗立式为主，在楼梯口、电梯口等狭窄区域可将信息标识依附在墙面上。

（4）形式示意（图H17）

项目名称：国家体育场
标示类型：信息标识
标识说明：简约的设计，符合人机工程学
材料工艺：金属板烤漆，表面贴喷绘膜
安装方式：矗立式

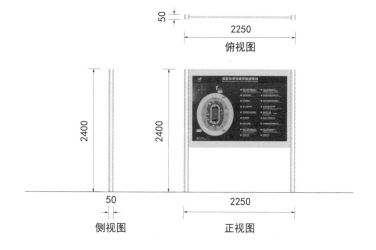

图H17 信息标识

150

H 4.3 导向标识设计

（1）功能

用于指引观众在通往观赛观演区、功能服务区、出口等地的过程中顺利寻路，便于访客辨别方向，在交通节点正确选择行进路线，同时对前进方向有预示和强调作用。导向标识可与地图信息相结合，实现快速指引、快捷服务等需求。

（2）信息内容

信息内容需以使用者的活动区域与行为流线为依据，面客区信息需着重体现取票、检票、观赛观演席位、卫生间、出口等目的地的路径引导信息。非面客区需着重体现运动员、演职人员等训练及比赛的目的地路径引导信息。

（3）安装方式

标识尺度、安装位置、安装高度都需要根据空间环境进行设置，同时需符合人机工程学，常见安装方式为矗立式、依附式。

（4）形式示意（图 H18）

项目名称：国家体育场
标示类型：导向标识
标识说明：设计简洁，明确指引
材料工艺：贴膜
安装方式：依附式

图 H18 导向标识

H 4.4 位置标识设计

（1）功能

用以显示、明确体育建筑室内各功能空间信息，例如观赛观演区入口、观众席位、公共服务设施位置、出口等。使访客更加直接地寻找到目的地，帮助访客快速确认当前空间的职能及当前位置信息。

（2）信息内容

通常由图形符号和空间位置中文、外文信息等组成，当同一种空间功能重复出现时，建议对其进行编号以示区别，编号命名应遵循逻辑、易懂。

（3）安装方式

根据体育建筑空间环境结合设计，在观赛观演空间入口处，多为与内装一体化设计，以涂刷工艺依附设计在通道入口的上方或侧墙上。非面客区位置标识的安装方式多为悬挂式、依附式。

（4）形式示意（图 H19）

项目名称：国家体育场
标示类型：位置标识
标识说明：设计简洁，明确指引
材料工艺：贴膜
安装方式：依附式

380 正视图

380 正视图

图 H19　位置标识

H 4.5　警示禁制标识设计

（1）功能

确保安全，满足需求，传达安全信息及提醒使用人群禁止不文明行为，提醒使用人群对周围环境引起注意，避免可能发生的危险。

（2）信息内容

由图形符号和文字信息构成，显示警告、提示、禁止、限制等信息。

（3）安装方式

在扶梯口、楼梯口、电梯口等主交通核区域可采用矗立式、依附式，在行进路径的通道上通常采用依附式贴附于墙面上。

（4）形式示意（图H20）

项目名称：国家体育场
标示类型：警示禁制标识
标识说明：经久耐用，实施效果简洁
材料工艺：金属板雕刻填漆
安装方式：依附式

20 500 俯视图

210

20 侧视图

210 注意安全 Caution 500 正视图

图 H20　警示禁制标识

体育建筑导向系统工程案例 H5

名称	项目类型	建筑规模	项目地点
国家体育场（图 H21）	体育场	25.8 万 m²	北京

项目特点：

1）为 2008 年北京奥运会的主体育场。工程总占地面积 21hm²，场内观众坐席约为 91000 个。举行了奥运会、残奥会开闭幕式、田径比赛及足球比赛决赛。

2）标识造型采用简洁、一目了然的设计手法，个性鲜明。

3）标识色彩选用了中国人心中的喜庆颜色——红色。红色具有强烈的表情，表达着人们对生命的尊重和对健康生活的向往，同时与国家体育场主色调吻合。

4）标识文字部分均选用充满现代感的无衬线字体。明快、清晰的文字部分与弧线构型的图形部分和谐共存，相得益彰

图 H21　国家体育场导向系统（一）

图 H21 国家体育场导向系统（二）

图 H21 国家体育场导向系统（三）

H6 体育建筑推荐优先选用的国家标准图形符号

本部分摘自 GB/T 10001 系列《公共信息图形符号》，由全国图形符号标准化技术委员会（SAC/TC 59）提供并归口。

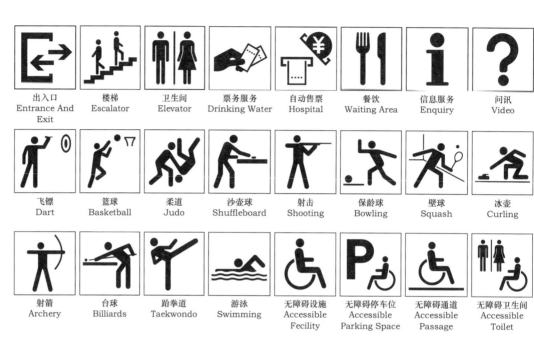

出入口 Entrance And Exit	楼梯 Escalator	卫生间 Elevator	票务服务 Drinking Water	自动售票 Hospital	餐饮 Waiting Area	信息服务 Enquiry	问讯 Video
飞镖 Dart	篮球 Basketball	柔道 Judo	沙壶球 Shuffleboard	射击 Shooting	保龄球 Bowling	壁球 Squash	冰壶 Curling
射箭 Archery	台球 Billiards	跆拳道 Taekwondo	游泳 Swimming	无障碍设施 Accessible Fecility	无障碍停车位 Accessible Parking Space	无障碍通道 Accessible Passage	无障碍卫生间 Accessible Toilet

Section H
体育建筑

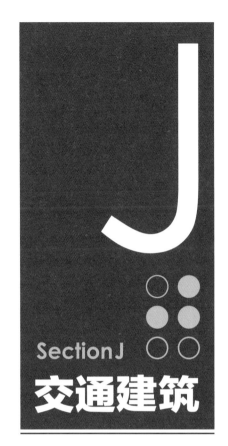

SectionJ

交通建筑

导向系统

J1 交通建筑导向系统的基本概念

J1.1 交通建筑的基本概念

交通建筑是公交场站、轨道交通站、公路客运站、港口客运站、铁路客运站、民用机场、停车场库等供人们出行使用的公共建筑的总称，是重要的城市基础设施；通常包括外部交通连接、内部站房、交通工具运行区域等。乘客可在建筑空间完成交通工具的换乘。

J1.2 交通建筑的类型

交通建筑通常按对应的交通工具进行分类，也可按旅客流量和交通流量进行规模划分，还可以按使用对象、交通的规格等指标进行辅助分类。

综合交通建筑空间是一种新近出现的交通建筑种类（表J1）。

交通建筑的基本类型和导向需求概要　　　　　　　　　　　表 J1

类型		使用对象	空间特点	导向系统的使用需求
专项交通建筑空间	道路　公路客运站	乘客、司乘人员、管理服务人员	• 重要的城市交通空间之一 • 体量仅次于铁路客运站 • 承载多种交通转换功能	空间相对复杂，乘客在建筑空间中进行通行、换乘、候乘等功能的引导及查询服务
	公交场站		• 设置在道路一侧 • 主要服务于公交车停靠	主要服务于乘客等车及路线查询，是城市交通的重要站点
	停车场库		• 分为地上和地下两种形式，一般根据建筑体量来确定其大小	依照车辆停放时间长短，通常提前进行系统的规划和布局
	轨道　铁路客运站		• 重要的城市交通空间之一 • 承载多种交通转换功能	空间相对复杂，乘客在建筑空间中进行通行、换乘、候乘等功能的引导及查询服务
	城市轨道交通（地铁站，城际站）		• 分为地上和地下两种空间 • 每站间的距离相对比较短	
	水运　港口，渡口客运站		• 滨水潮湿环境特点	
	航空　民用机场（航站楼）		• 空间体量较大、功能区分布跨度广、主流线功能需求较强	
综合交通建筑空间	转换　交通枢纽		• 多种交通工具转换空间	引导乘客转换不同交通工具

注：专项交通空间也包含交通枢纽空间。

J1.3 交通建筑导向系统的作用

交通建筑导向系统，为整体的交通建筑运营维护、品质提升提供保障。交通建筑导向系统的作用主要在于为访客提供交通建筑空间的基础服务功能信息，帮助访客完成在建筑空间中交通工具的换乘。

交通建筑导向系统，在乘客的空间转换中具有重要的衔接作用，准确、简洁、明晰的导向系统能为乘客提供通行、候乘的便捷服务。交通建筑中的换乘流程须明确各空间的范围及位置标识来实现导向功能。通过导向分流，提升交通建筑空间的使用效率，营造便利、通达的换乘空间，满足换乘流程的高效运转需求。

在建筑空间中在易出现危险的节点应设置引导、警告、提示的标识，为交通建筑使用提供安全保障，辅助紧急情况下的消防疏散。

随着智能化的发展，交通建筑导向系统也对智能化提出新的要求。导向标识系统使候乘管理部门在空间换乘引导、信息发布、视频监控等方面达到精细化管理的要求，为规划管理者数据可视化、数据信息预警可视化等方面提供了新的系统解决方案，为乘客带来更加舒适、安全、高效的空间体验。

J1.4 交通建筑导向系统的主要特点

近年来，随着我国交通建筑的发展，交通空间结构也越发复杂，交通建筑导向系统越来越重要，面对乘客的需求，交通建筑导向系统具有以下主要特点：

（1）功能特点

1）交通建筑环境的空间特点相对复杂，承载着多转换的功能，室内导向系统的空间布局和标识信息呈现着多样、复杂的特点；

2）依据建筑空间、节点的布局，引导乘客到达目的地的转换流程简捷、识别效率高；

3）应以通用类设计为理念，为普通乘客及有特殊需求的人群等类型乘客，提供无障碍、高效通行的公共信息系统；

4）应满足特殊时间段集中外来乘客的寻路需求（如法定节假日等带来的客流高峰）及客流高峰所需的快速分流；

5）为乘客提供便利的服务功能指引（如应急医务、警务、货币兑换等）。

（2）美学特点

1）导向系统应与室内空间界面形象统一，标识的体量关系应与室内空间模数协调，空间一体化设计程度高；

2）导向标识应采用饱和度强、识别度高的色彩、材质及灯光设计，与室内空间环境和谐统一。

（3）运营特点

1）交通建筑导向标识的信息承载量大，要适应较高频率的更换；

2）逐步增加科技、智能技术，例如电子显示屏、电子触摸屏以及智能查询收费等设施，加强互动感、体验感。

J2 交通建筑空间环境构成及行为模式

J2.1　空间环境的构成

根据交通建筑的功能布局和空间特征，交通建筑导向标识主要服务的空间环境可分为乘客区和非乘客区。乘客区主要包括入口空间、售票空间、安检空间、交通空间、候乘空间和服务空间；非乘客区主要包括后勤空间。其主要包括：

入口空间——交通建筑出入口、地下停车场门厅等；

售票空间——购/取票大厅等；

安检空间——安检口；

交通空间——电梯（间）、扶梯、楼梯（间）、走廊、连廊等；

候乘空间——候乘厅、登机口、站台等；

服务空间——卫生间、母婴室、休息室、吸烟室、儿童活动区、货币兑换区等；

后勤区域——清洁间、监控室和设备用房等。

J2.2　服务人群分析

（1）乘客

初次到访以及非经常到访的乘客对建筑空间、服务功能、交通组织和管理规定等公共信息的认知程度较低，必须依赖完善的信息导向系统才能实现活动目的。

（2）司乘人员

活动范围相对局限，对内部的空间都已形成了比较详细的认知，对于各个功能空间的相对位置也较为了解，这类群体对于标识的依赖较少。

（3）管理服务人员

一般指交通建筑内交通管理服务的从业人员，例如安保、后勤、地勤等，主要集中在后勤区域，他们对于自己工作环境较为熟悉，对导向系统需求较弱，对于功能设施分类标识有明确需求。

J2.3　行为模式及空间特点

交通建筑空间中的行为模式取决于建筑空间布局、空间设计及交通组织流线。交通建筑交通流线主要有：乘客流线、服务流线、货物流线、疏散流线四大类。交通建筑导向系统研究主要是以乘客在交通建筑的行为模式为基础，在不同空间节点和决策节点给予乘客不同的信息呈现和标识引导，帮助乘客作出寻路判断。

对进入交通建筑室内的行为模式进行细分和研究，形成完整换乘流程，成为交通建筑乘客的主要行为流线（图J1）。乘客行为模式的简图可以作为导向系统设计的基础，使设计人员拥有从总体规划到细部设计均可遵从的原则、程序和方法。

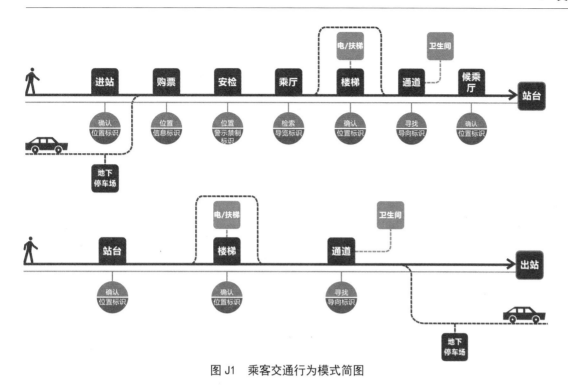

图 J1　乘客交通行为模式简图

J 2.4　交通建筑环境对导向系统的需求

交通建筑环境根据空间类型、空间功能、空间环境特点的不同，对导向标识的需求和配置也有差异（表 J2、表 J3）。入口空间作为乘客进入交通建筑的首要空间，需设置信息标识、导向标识和相应的位置标识。在购/取票大厅、安检区、卫生间、服务台等售票空间、安检空间和服务空间需设置明显的位置标识，以便瞬时大流量乘客快速寻找。由走廊、通道、电梯（间）、扶梯和楼梯（间）组成的具有乘客可达性等特点的交通空间，在交通节点需设置位置标识和导向标识，对目的地进行确认和引导。交通空间使用人群主要是乘客，寻路需求主要是候乘厅和检票口，需设置明显的位置标识和导向标识。后勤空间主要为功能房间，需设置位置标识明确各个房间的功能。

交通建筑各类空间对导向系统的配置需求　　　　　　　　　　　　　　　　　　　　　　　表 J2

空间环境		信息标识		导向标识	位置标识	警示禁制标识
		综合信息标识	楼层信息标识			
乘客区	入口空间	建筑出入口				●	●
		地下停车场门厅等	●	●	○	●	●
	售票空间	购/取票大厅等	●		●	●	●
	安检空间	安检口			○	●	●
	交通空间	楼梯（间）		●		●	●
		电梯（间）		●		●	●
		扶梯		●		○	○
		走廊、通道、连廊、转换层等	●		●		●
	候乘空间	候乘厅、检票口（登机口）等	●		○	●	●
	服务空间	卫生间、母婴室、休息室、吸烟室、儿童活动区、货币兑换区等				●	●
非乘客区	后勤空间	办公室、监控室、设备间等				●	○

● 应设置
○ 宜设置

交通建筑标识信息系统对应表　　　　　　　　　　　表 J3

标识类型 ＼ 信息类别		空间信息（候乘厅、站台、楼层等）	流程信息（入口、安检、乘口等）	交通信息（楼梯、电梯、扶梯等）	服务信息（卫生间、母婴室、休息室、吸烟室、儿童活动区、货币兑换区等）	说明信息（专家、指南、宣教信息等）	管理信息（规定、制度等）	警示禁制信息（警告、提示等）
标识类型	信息标识	●	●	●	●	○	○	●
	导向标识	●	●	●	●			
	位置标识	●	●	●	●			○
	警示禁制标识				○			●
	其他标识					●	●	○

● 应设置
○ 宜设置

交通建筑导向系统规划设置导则 J3

J 3.1 概述

交通建筑导向标识设置空间主要包含入口空间、售票空间、安检空间、交通空间、候乘空间、服务空间以及后勤空间，依照空间功能使用要求，结合乘客流线及行为模式，设置相对应的导向标识。主要包括信息标识、导向标识、位置标识、警示禁制标识，运营标识等。

实际应用项目案例中通常依据空间环境、功能性质、业主要求等，拟定更细分的标识名称。如本章实例涉及的标识有：综合导览标识、安检须知标识、购票须知标识，其同属于信息标识；电梯乘坐须知标识、安全提示标识同属于警示禁制标识。

J 3.2 入口空间

入口空间主要涉及标识系统中的信息标识、导向标识、位置标识、警示禁制标识。

交通建筑入口空间是乘客了解建筑布局、确认目的地的重要空间，根据乘客流线分析，应设置明显的位置标识（图 J2、图 J3）。根据观看距离、观看角度确定设置位置和设置形式，常见安装方式为依附式，设置于入口正门的上方，内容显示入口名称、编号信息（图 J4、图 J5）。根据设置位置、信息内容及入口建筑空间环境确定标识的形式、尺寸、色彩和发光方式。

在大厅等室内入口空间，以空间环境和流线分析为基础，设置综合信息标识、导向标识、位置标识和警示禁制标识（图 J6、图 J7）。其中，在进入大厅后的明显位置通常设置综合信息标识，常见安装方式为矗立式和依附式。在出入口和服务台等空间节点设置位置标识，直接反映空间功能信息，通常以依附式为主。依照实际情况可在交通节点上设置导向标识，引导乘客到达目的地，安装方式为矗立式（图 J8）。

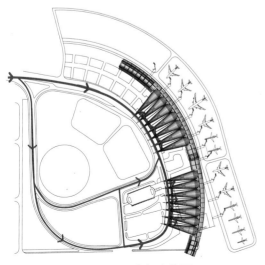

图 J2 入口空间流线图

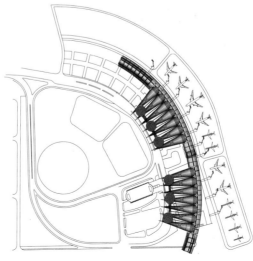

图 J3 入口空间点位图

图 J2、图 J3 图例
→ 空间流线
● 机场入口位置标识

图 J4 入口空间标识一　　　　　　　　图 J5 入口空间标识二

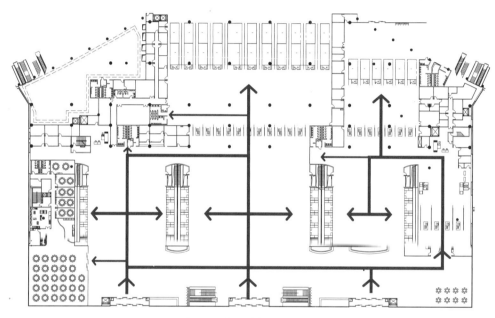

图 J6 大厅空间流线图

图J6、图J7图例
→ 空间流线
○ 综合导览标识
— 客流导向标识
● 卫生间位置标识
● 休憩室位置标识
● 值机处位置标识
● 安检处位置标识
▲ 安检须知标识

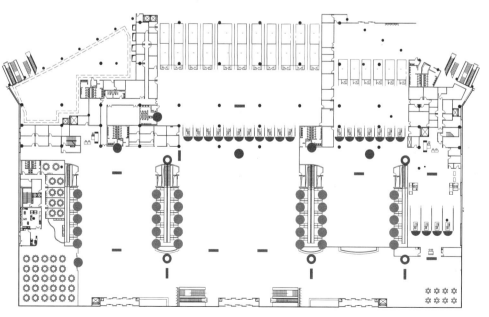

图 J7 大厅空间点位图

图 J8　大厅空间标识（矗立式）

J 3.3　售票空间

售票空间主要涉及标识系统中的信息标识、位置标识、警示禁制标识。

交通建筑的售票空间作为现场购票和取票的乘客第一目的地，应设置明显的售票处位置标识和购票须知等标识（图 J9），位置标识常见的安装方式为悬挂式或依附式，购票须知常见的安装方式为依附式（图 J10）。

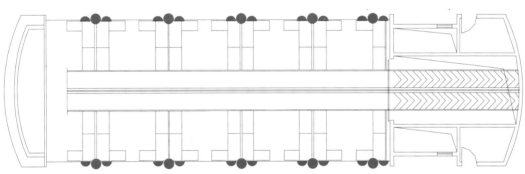

图例
● 售票处位置标识
▲ 购票须知标识
▲ 警示禁制标识

图 J9　售票空间点位图

图 J10　售票空间标识（依附式）

J 3.4 安检空间

安检空间主要涉及标识系统中的位置标识、安全须知标识。

交通建筑的安检空间作为进入车站的重要区域，应设置明显的安检处位置标识和安检须知等标识（图 J11）。位置标识常见的安装方式为悬挂式或依附式（图 J12）。

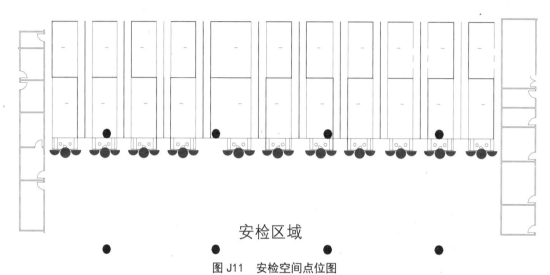

图例
● 安检处位置标识
▲ 安检须知标识
▲ 警示禁制标识

安检区域

图 J11　安检空间点位图

图 J12　安检空间标识（悬挂式）

J 3.5 交通空间

交通区域主要涉及标识系统中的信息标识、导向标识、警示禁制标识。

交通建筑中的交通空间主要包含楼梯（间）、电梯（间）、扶梯、通道、连廊等交通空间，作为纵向和横向交通的重要空间，标识设置应主要满足乘客寻路使用功能，方便乘客使用的同时达到消防疏散标准（图 J13、图 J14）。一般交通建筑以电梯（间）、扶梯作为主要的纵向交通形式，楼梯（间）作为辅助的纵向交通形式并满足消防疏散的功能。在电梯（间）墙面、扶梯侧面等合适空间应设置楼层信息标识，显示各个楼层的综合信息，常见安装方式为矗立式或依附式（图 J15）。在电梯（间）、扶梯和楼梯（间）入口应设置位置标识，直接反映当前空间功能信息，常见安装方式以依附式为主，特殊位置采用悬挂式。通道、连廊等作为主要横向的交通形式，在人流动线交通节点应设置导向标识，必要的动线空间节点也应设置信息标识，指引或呈现必要的空间信息、流程信息、交通信息和服务信息。

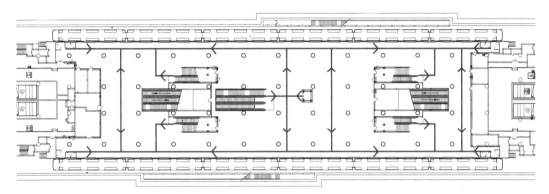

图 J13　交通空间流线图

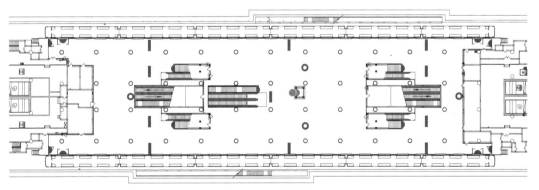

图 J14　交通空间点位图

图J13、图J14图例
→ 空间流线
○ 综合导览标识
— 客流导向标识
● 电梯位置标识
▲ 电梯乘坐须知标识
◢ 安全提示标识
◣ 警示禁制标识

图 J15　交通空间标识（依附式）

客流在危险潜在区应设置警示禁制标识，提醒访客注意到警告、提示、禁止及限制等层面的信息，例如扶梯上方应设置"小心碰头"的信息，以免访客头部受到磕碰，在公共空间通道与后勤空间交界的位置应设置"非工作人员禁止入内"的信息，以免乘客误入的情况发生。

J3.6 服务空间

服务空间主要涉及标识系统中的位置标识、警示禁制标识。

交通建筑中的服务空间主要包含卫生间、服务台、休息区等服务空间，对于乘客需求量很大，应设置明显的位置标识和必要的警示禁制标识，直接反映当前空间功能信息和起到警示禁制作用，常见安装方式以依附式为主（图J16～图J18）。

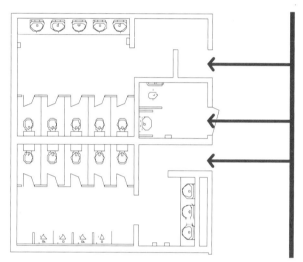

图例
→ 空间流线
● 卫生间位置标识

图 J16　服务空间流线图　　　　　　　图 J17　服务空间点位图

图 J18　服务空间标识（依附式）

J3.7 后勤区域

后勤区域主要涉及标识系统中的导向标识、位置标识、警示禁制标识。

与其他类型建筑相比，交通建筑的运行及管理模式与平面功能布局及划分具有较强的制约性。不同的管理方式对其功能分区、交通组织、设备系统和物业计费等方面的设计有不同的制约。因此，应设置满足基本功能的导向标识、位置标识和警示禁制标识，明确空间功能，提高运营效率，常见安装方式为依附式或悬挂式（图J19、图J20）。

图 J19　后勤空间标识（依附式）一　　　　　图 J20　后勤空间标识（依附式）二

J4 交通建筑导向标识设计导则

J4.1 概述

交通建筑导向系统按照服务功能和载体形式的不同，主要包括综合信息标识、导向标识、位置标识、警示禁制标识。这五类标识的设计和设置需要从标识在空间环境中的尺度关系、标识形体与色彩、平面要素、标识工艺设计四个层次综合考虑，在明确标识功能的基础上，进一步确定标识的信息内容、设置与安装形式，提高标识的视觉美学，并与环境条件充分融合。

J4.2 信息标识设计

（1）功能

信息标识分为指南类标识和说明类标识，是显示特定交通区域、场所内服务功能、服务设施位置分布信息的平面图，以及相应设施设备的使用说明、简介、相关信息的内容标识。

（2）信息内容

信息内容涉及交通空间的交通图、导览图、使用说明、公约条款、宣传信息、空间介绍及其他相关说明性信息等。

（3）形式示意（图J21）

项目名称：杭州地铁1号线
标识类型：信息标识
标识说明：标识独立设计
材料工艺：不锈钢板烤漆制作，面板雕刻镂空，信息为灯箱片发光
安装方式：矗立式

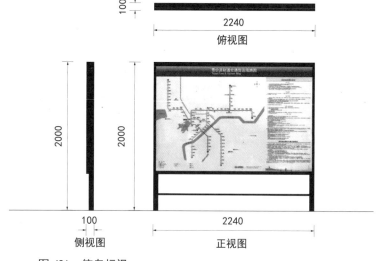

图 J21　信息标识

J4.3 导向标识设计

（1）功能

用于指引使用者在通往目的地过程中使用的公共信息图形标识，对前进方向有预示和强调作用。

（2）信息内容

由图形标识、文字标识与箭头符号等组合形成，内容包括地点、方向及距离等信息。导向标识的空间位置要根据办公、客流动态方向在重要节点上予以强调，应设置在人眼视线偏移范围内。

（3）形式示意（图J22、图J23）

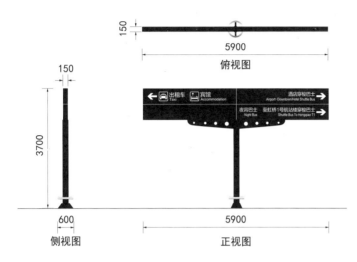

项目名称：上海虹桥机场
标识类型：导向标识
标识说明：标识独立设计与空间结合
材料工艺：不锈钢板烤漆制作，信息雕刻镂空，亚克力嵌平发光
安装方式：矗立式

图 J22　导向标识一

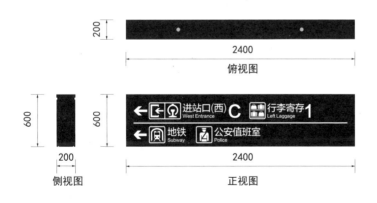

项目名称：郑州东站
标识类型：导向标识
标识说明：简约设计吊挂与空间结合
材料工艺：不锈钢板烤漆制作，信息雕刻镂空，亚克力嵌平发光
安装方式：悬挂式

图 J23　导向标识二

J 4.4　位置标识设计

（1）功能概述

交通建筑寻路或造访的最终目的就是到达登机口及检票口，位置标识、编号是用于标明服务设施或服务功能所在位置。

（2）信息内容

由图形标识和文字标识等组成。

（3）形式示意（图 J24、图 J25）

项目名称：上海虹桥机场
标识类型：位置标识
标识说明：结合墙面设计
材料工艺：不锈钢板烤漆制作，信息丝网印刷
安装方式：依附式

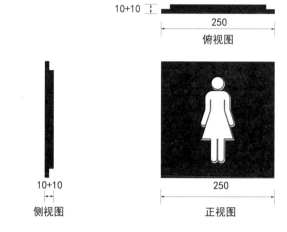

图 J24　位置标识一

项目名称：上海虹桥机场
标识类型：位置标识
标识说明：结合墙面设计
材料工艺：不锈钢板烤漆制作，信息雕刻镂空，亚克力底板亮灯光
安装方式：依附式

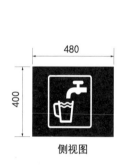

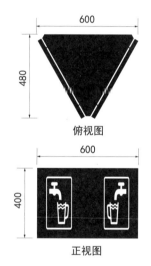

图 J25　位置标识二

J 4.5　警示禁制标识设计

（1）功能

警示禁制标识分为警示类标识和提示类标识，警示类标识为命令信息标识，对使用者有警告、命令、禁止或限制相关行为的作用，预防危险的发生；提示类标识指显示特定场所、范围内服务功能、服务设施，提醒使用者依其内容作出相应选择、行动的信息标识。

（2）信息内容

由图形符号和文字信息构成，显示警告、提示、禁止、限制等信息。

（3）形式示意（图 J26）

800

300

正视图

项目名称：郑州东站
标识类型：警示禁制标识
标识说明：结合扶梯设计
材料工艺：信息为贴膜丝网印刷
安装方式：依附式

图 J26　警示禁制标识

J5 交通建筑导向系统工程案例

名称	项目类型	建筑规模	项目地点
北京首都国际机场 T3 航站楼（图 J27）	航站楼	98.6 万 m²	北京

项目特点：

1）T3 航站楼著名的"彩霞屋顶"还有一个独特的功能——指方向，屋顶密布的条纹由红—橙—黄渐变的三种颜色构成，始终指向南北，这三种颜色分别位于航站楼内不同的区域，旅客在航站楼内不会担心迷路。

2）材质选用了易于加工、轻便环保的铝板作为标识主材，信息丝网印刷，便于施工。

3）标识色彩以深灰色为主，搭配蓝色贴膜材料，不仅便于更换，而且有品质保证，与内装色系协调统一

图 J27　北京首都国际机场 T3 航站楼导向系统（一）

图 J27 北京首都国际机场 T3 航站楼导向系统（二）

名称	项目类型	建筑规模	项目地点
郑州东站（图 J28）	高铁站	41.2 万 m²	郑州

项目特点：

郑州东站位于河南省郑州市，是中国铁路郑州局集团有限公司管辖的特等站，是中国大陆特大型铁路枢纽站之一，是郑州铁路枢纽的重要组成部分。郑州东站是京广高速铁路和徐兰高速铁路的中间站，同时也是郑开城际铁路、郑机城际铁路的始发枢纽站。

郑州东站设计体现了中原文化和中华文明底蕴，包含了国宝"莲鹤方壶"和"双连壶"的和谐构图，充分反映出中原和中华庄重、沉稳、宏大的气质。建筑细部和室内设计运用了"莲鹤方壶"的纹饰，主题突出，内外呼应，协调统一，体现"青铜器"的文化底蕴，整体犹如抽象雕塑，厚重沉稳，浑然一体，展示河南作为中原文化代表的特征。

郑州东站站房设计考虑了旅客进站、出站、换乘、候车等活动规律，采用高架候车的流线功能，使旅客在车站内活动的步行距离和花费时间最短。

材质选用了易于加工、轻便环保的铝板作为标识主材，信息发光，便于识别。

标识色彩以深灰色为主，与内装色系协调统一

图 J28 郑州东站导向系统

名称	项目类型	建筑规模	项目地点
杭州地铁1号线（图J29）	轨道交通	杭州地铁1号线全长53.62km，共设34座车站，其中地下车站31座、高架车站3座	杭州

项目特点：

1）杭州地铁1号线是浙江省和杭州市的第一条建成运营的地铁线路。

2）造型设计上采用了灯箱方式，以深灰色为主调，展现更多包容性和统一性，信息面板色彩搭配清晰，保证内容的识别度。

3）材质采用了亚克力和铝型材相结合的方式，不同质感材质满足运营需求

图 J29　杭州地铁1号线导向系统

交通建筑推荐优先选用的国家标准图形符号

本部分摘自 GB/T 10001 系列《公共信息图形符号》，由全国图形符号标准化技术委员会（SAC/TC 59）提供并归口。

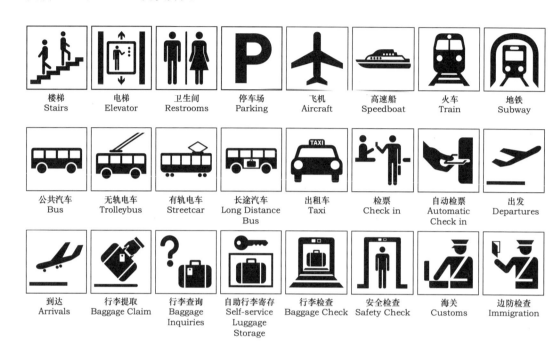

| 楼梯 Stairs | 电梯 Elevator | 卫生间 Restrooms | 停车场 Parking | 飞机 Aircraft | 高速船 Speedboat | 火车 Train | 地铁 Subway |

| 公共汽车 Bus | 无轨电车 Trolleybus | 有轨电车 Streetcar | 长途汽车 Long Distance Bus | 出租车 Taxi | 检票 Check in | 自动检票 Automatic Check in | 出发 Departures |

| 到达 Arrivals | 行李提取 Baggage Claim | 行李查询 Baggage Inquiries | 自助行李寄存 Self-service Luggage Storage | 行李检查 Baggage Check | 安全检查 Safety Check | 海关 Customs | 边防检查 Immigration |

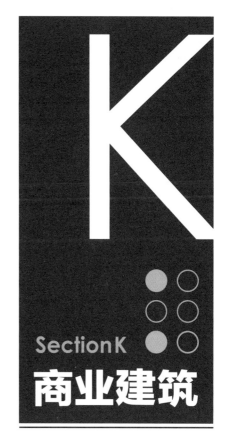

Section K

商业建筑

导向系统

K1 商业建筑导向系统的基本概念

K1.1 商业建筑的基本概念

商业建筑是为人们进行各类经营活动及服务的建筑物。随着经济文化的发展，商业建筑空间其功能已经从满足商业交易功能，向具备服务性、娱乐性、展示性、休闲性、文化性、社交性等综合使用功能方向转变。

K1.2 商业建筑的基本类型

商业建筑由于建筑特征的不同，其功能空间多元化、出入口较多，访客动线较为随机，因此对导向系统的规划设计范围、访客在商业空间中的行为模式及商业运营管理等方面的需求也存在差异（表K1）。

商业建筑的基本类型和导向需求概要　　　　　　　　　　　　表K1

类型	使用对象	空间特点	导向系统的使用需求
购物中心	以顾客为主，以商户、管理服务人员为辅	业态丰富，空间相对灵活多变。购物中心更多的是经营空间，有主力业态，对商品的信息需求相对弱	·主要服务顾客活动的公共空间。 ·主要引导主力业态、主题区及特色空间、公共服务设施，如电梯（间）、扶梯、卫生间等。 ·依据空间布局、运营管理需求完成导向系统
步行商业街		主要以外街形式为主，抵达路径较多，寻路相对复杂，无明显出入口的特征，商铺相对分散	·除引导主力业态、主题区、特色空间及公共服务设施，如电梯（间）、扶梯、卫生间外，更多地引导商铺信息。 ·通常与广告、店招同时设置，商铺信息更换较频繁
百货商店		空间相对购物中心简单，多以陈列商品为主要空间划分原则，大多数无主力业态	·主要引导公共服务设施，如电梯（间）、扶梯、卫生间等。 ·信息呈现相对简单，更多关注商品分类信息，如男装、女装、珠宝、鞋等信息
专业商店		以专业商品为主要展示特征	主要呈现不同商品特性信息

K1.3 商业建筑导向系统概述

商业建筑导向系统是指设置于商业建筑空间内、为访客人群提供商业空间的交通及购物导向系统，帮助访客人群通过文字、符号、图形及色彩等视觉要素展示商业空间功能布局，引导人们沿商业流线，实现便利、通达、愉悦的空间体验。

作为室内细部设计的重要部分，应主动参与商业建筑空间设计，从访客需求出发，依照商业建筑空间整体结构、业态分布、商业动线、公共服务设施等，为访客提供商业空间公共信息系统，实现交通导向服务及购物导向服务动态，主要服务范围包括商业空间、货运空间、交通空间、办公空间等。导向标识主要分为信息标识、位置标识、导向标识、警示禁制标识等。

K 1.4　商业建筑导向系统的主要特点

（1）功能特点

1）商业建筑空间特点相对复杂，商业动线多元化，导向系统、信息系统同样呈现多样性与复杂性；

2）商业建筑空间内交通导向系统是引导访客进入和离开的系统，主要服务范围是商业建筑周边交通设施及停车场区域到商业建筑主入口区域；

3）商业建筑空间的购物功能导向系统为访客提供空间业态分布、商业信息及公共服务设施信息等，主要服务范围是商业建筑空间内部各功能区；

4）使用功能较多的商业建筑，应依据访客使用行为习惯形成统一、规范、连续的编号及信息系统。

（2）美学特点

1）导向系统应与商业建筑空间设计风格相匹配，在主要功能节点，如入口空间、扶梯、电梯（间）、停车场、卫生间、走廊通道等，可以利用矗立、吊挂等安装方式，还可以灵活利用墙面、柱子、地面等空间要素进行设置，形成商业建筑空间一体化设计；

2）整体色彩设计、材质运用应与商业建筑空间环境风格协调，但需巧妙设计确保辨识性；

3）导向标识应具备安全性，需符合人机工程学，并关注无障碍设计。

（3）运营特点

1）充分分析商业运营管理的需求，依据购物娱乐空间业态分布及后勤空间、货运空间、办公空间等不同完成导向系统及公共信息展示；

2）关注商业智能化、新技术的应用，实现商业信息多元化融合。

K2 商业建筑空间环境构成及行为模式

K2.1 空间环境的构成

根据商业顾客的活动流程，商业建筑的空间环境构成分为面客区和非面客区。面客区主要包括入口空间、水平交通空间、垂直交通空间、商业空间、服务空间；非面客区主要包括办公空间和后勤空间。其主要包括：

入口空间——建筑的出入口和地下停车场电梯、扶梯等；

垂直交通空间——电梯（间）、扶梯和楼梯（间）等；

水平交通空间——通道、连廊、走廊等；

商业空间——商铺、主力店、主题区、外摆区等；

服务空间——卫生间、服务中心、休息区（室）等；

办公空间——商管办公室、物管办公室等；

后勤空间——后勤通道、设备用房、货运区域、垃圾通道等。

K2.2 服务人群分析

（1）顾客

商业建筑的主要服务人群是顾客。在陌生的环境中寻找不同商铺、主力业态及功能服务空间，依靠导向系统来满足寻路的需求。

（2）商户

一般指在购物中心内从事经营的人员。在这种熟悉的环境中工作，对工作的内部空间都已形成了较为详细的认知，对于各个功能空间的相对位置也较为了解，商户群体对于导向系统的依赖较少。

（3）管理服务人员

一般指购物中心内的管理及服务人员。他们对于自己工作所属的环境较为熟悉，需要了解非公共的空间，以及整体环境中的快捷路径、禁止进入等特殊空间，并需要在维修维护时快速辨识功能设备空间。

K2.3 行为模式分析

商业建筑的行为模式取决于其内部交通流线的组织。商业建筑交通流线主要有购物或消费流线、服务流线、物品流线三大类。商业建筑内的导向系统不仅要引导顾客在商业建筑室内的寻路过程，同时需要围绕商业业态和商业活动，向顾客提供商业经营信息，帮助商业场所实现商业经营活动，为顾客提供更加有品质感的商业空间体验。

将顾客进入商业建筑室内的行为模式进行细分（图K1），这些过程又依次形成寻路顺序，成为顾客进入商业建筑的一个行动流线。而商业建筑顾客行为模式的细分图可以作为导向设计的基础，使设计人员拥有从总体规划到细部设计均可遵从的原则、程序和方法。

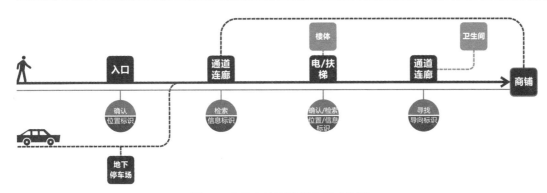

图 K1 商业建筑顾客行为模式简图

K2.4 商业建筑环境对导向系统的需求

商业建筑环境根据空间类型、空间功能、空间环境特点，对导向系统的需求和配置有所差异（表 K2、表 K3）。入口空间作为顾客进入商业建筑的首要空间，应设置综合信息标识，呈现整个建筑的空间布局、商铺名称、服务介绍、商业广告等信息内容，满足顾客在入口空间进行索引和判断的需求。

水平交通空间是连接垂直交通空间、商业空间、服务空间、办公空间、后勤空间的重要空间，应在空间节点设置导向标识，对各功能用房进行明确的指引和分流。

垂直交通空间应设置明确的位置标识，尤其是对于可达楼层不一致的电梯、扶梯。对于抵达目的楼层空间区域，应设置楼层综合信息标识，显示本楼层空间布局及商铺信息等。电梯（间）需要设置电梯综合信息标识，显示全楼层主力店信息、服务设施信息等。对于寻路末端的商业空间、服务空间、办公空间、后勤空间，需设置位置标识，明确用房的功能和名称、编号等。

警示禁制标识在有需要提示、警示、说明的场所均可设置。

商业建筑各类空间对导向系统的配置需求   表 K2

空间环境			信息标识		导向标识	位置标识	警示禁制标识	商业运营标识
			综合信息标识	楼层信息标识				
面客空间	入口空间	建筑出入口	●		○	●		●
		步行街主要出入口	●		●	●	●	●
		地下停车场扶梯、电梯（间）等	●			●	●	●
	水平交通空间	走廊、通道、连廊、中庭等		○	●	●	●	○
	垂直交通空间	电梯（间）	●		●	●	●	○
		扶梯	●		○	○	●	○
		楼梯（间）		○		○	○	
	商业空间	商铺、主力店、主题区、外摆区等						
	服务空间	卫生间（无障碍、母婴室）服务中心、休息区（室）等			●	●	●	○
非面客空间	办公空间	商管办公室、物管办公室等				●	○	
	后勤空间	后勤通道、货运区域、设备间、垃圾通道等			○	●	○	

● 应设置
○ 宜设置

商业建筑标识信息系统对应表 表 K3

标识类型 \ 信息类别		空间信息（楼座、楼层等）	流程信息（业态、业种等）	交通信息（扶梯、电梯、楼梯等）	服务信息（卫生间、无障碍、母婴室、吸烟室、会员中心、服务台等）	说明信息（营业时间等）	管理信息（营业时间等）	警示禁制信息（警告、提示等）
标识类型	信息标识	●	●	●	●			●
	导向标识	●	●	●	●			
	位置标识	●	●	●	●			○
	警示禁制标识				○			●
	商业运营标识					●	●	○

● 应设置
○ 宜设置

商业建筑导向系统规划设置导则 K3

K3.1 概述

商业建筑导向标识设置主要包含入口空间、水平交通空间、垂直交通空间、商业空间、服务空间、办公空间与后勤空间，依照空间功能使用要求，设置相对应的导向标识。主要包括信息标识、导向标识、位置标识、警示禁制标识。

实际应用项目案例中通常依据空间环境、功能性质、业主要求等，会拟定更细分的标识名称。如本章实例涉及的标识有：建筑入口标识、楼梯间楼层标识、商业运营标识，其同属于信息标识；电梯乘坐须知标识、货梯乘坐须知标识属于警示禁制标识。

K3.2 入口空间

入口空间主要涉及标识系统中的信息标识、导向标识、位置标识、警示禁制标识。

入口空间是顾客了解建筑布局、确认目的地的交通枢纽空间。根据分析顾客流线，应设置明显的位置标识，明确显示建筑名称、入口编号、楼座编号等信息，通常采用依附式设置于入口正门或者雨篷的上方。根据设置位置、信息内容及入口建筑空间环境确定标识的形式、尺度、色彩和发光方式（图K2～图K4）。

在室内入口空间，以空间环境和流线分析为设置基础。其中，综合信息标识通常设置在进入后的明显位置，一般结合主要出入口的扶梯设置，常见安装方式有矗立式和依附式。

在通道、连廊、中庭等空间节点处设置导向标识，常见安装方式为悬挂式。

在主力店出入口、电梯和服务台、卫生间等空间节点设置位置标识，形象宜简洁、明了，直接反映空间功能信息，通常以依附式为主。

此外，在入口空间，一般设置商业运营标识，多以广告标识为主，常见安装方式为矗立式（图K5～图K7）。

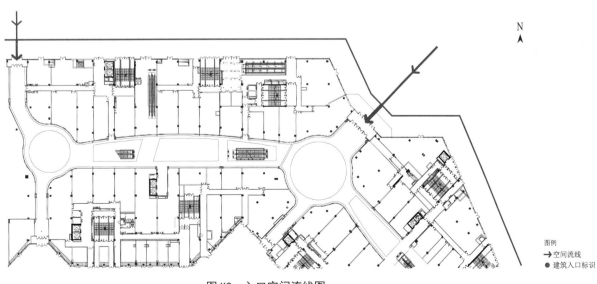

图K2 入口空间流线图

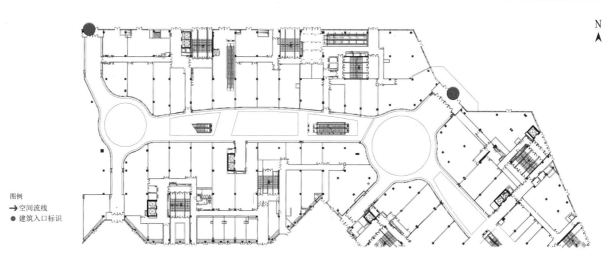

图例
→ 空间流线
● 建筑入口标识

图 K3　入口空间点位图

图 K4　入口空间标识（依附式）

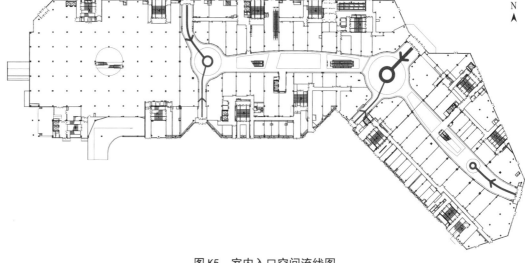

图例
→ 空间流线

图 K5　室内入口空间流线图

图例
○ 大堂综合信息标识

图K6　室内入口空间点位图

图K7　室内入口空间标识（矗立式）

K 3.3　水平交通空间

水平交通空间主要涉及标识系统中的导向标识、警示禁制标识。

水平交通中的通道、连廊、走廊、中庭是抵达入口空间、商业空间、服务空间、垂直交通空间的重要空间，在空间节点处应设置导向标识，常见安装方式为悬挂式（图K8～图K10），根据空间特点及需求，可增加依附式及矗立式导向标识。

悬挂式标识与依附式标识虽然都发挥信息导向的作用，但通常悬挂式标识用于指示空间、交通、服务设施等相对固定的功能信息，依附式标识用于导向商业信息等。

通常在水平交通空间中，考虑建筑室内的功能要求，商家、商品不能在防火卷帘下堆放，并应在此处设置警示禁制标识，常见安装方式为依附式。

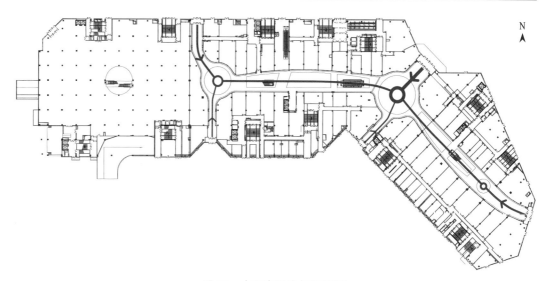

图 K8　水平交通空间流线图

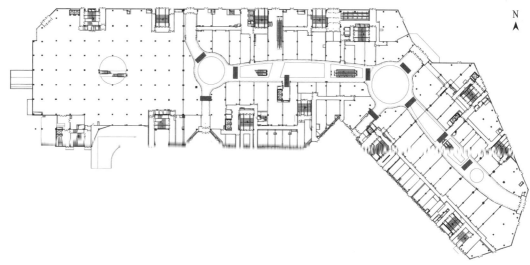

图K8、图K9图例
→ 空间流线
▬ 客流导向标识

图 K9　水平交通空间点位图

图 K10　水平交通空间标识（悬挂式）

K 3.4　垂直交通空间

垂直交通空间主要涉及标识系统中的信息标识、位置标识、警示禁制标识。

商业建筑中的扶梯、电梯（间）与楼梯（间）等垂直交通设计，对解决顾客纵向分流十分重要。垂直交通设计应满足商业建筑的使用功能。一般商业建筑多以电梯（间）作为商业区域主要的垂直交通，常见的使用场景包括：地下空间到达商业室内空间，5层以上的商业建筑。楼梯（间）是辅助的垂直交通核及重要的消防疏散交通核。

垂直交通中的标识常在电梯（间）设置，常见安装方式为依附式。在扶梯设置楼层信息标识，常见安装方式为矗立式。楼梯（间）设置位置标识，常见安装方式为依附式（图K11～图K14）。

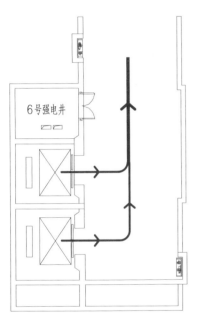
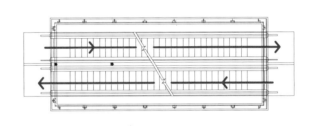

图例
→ 空间流线

图 K11　垂直交通空间流线图

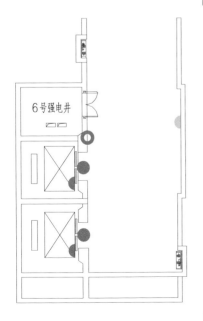
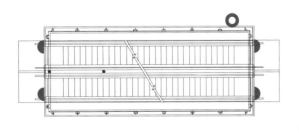

图例
⊙ 电梯综合信息标识
● 电梯位置标识
▬ 电梯乘坐须知标识
◣ 电梯层号信息标识
⊙ 扶梯综合信息标识
◤ 警告提示标识

图 K12　垂直交通空间点位图

图 K13 垂直交通空间标识（矗立式）

图 K14 垂直交通空间标识（依附式）

K 3.5 商业空间

商业空间主要涉及标识系统中的位置标识。

商业空间通常有开敞式与门店式商铺两种类型，标识一般包括商铺门头店招、侧招、商铺编号等位置标识。超市、影院、娱乐等主力店内部与主题区根据其动线，设置相应的标识系统，与公共空间标识体系相连接（图 K15～图 K18）。

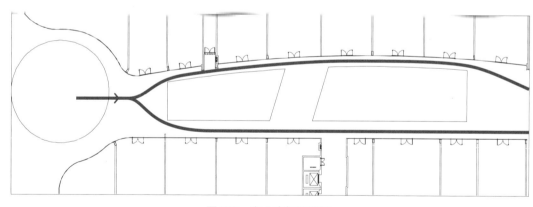

图例
→空间流线

图 K15 商业空间流线图

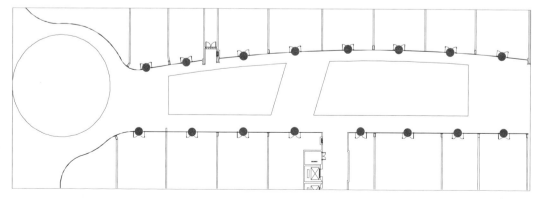

图例
● 店铺位置标识

图 K16 商业空间点位图

图 K17   商业空间标识（悬挂式）一

图 K18   商业空间标识（悬挂式）二

K 3.6   服务空间

服务空间主要涉及标识系统中的位置标识、警示禁制标识。

除商铺、设施用房等一般性服务用房外，应重点关注卫生间、母婴室、吸烟室、会员中心等有重要需求的服务用房设计。这一区域包含具体的功能空间，应明确各个空间的职能，常见安装方式为依附式（图 K19 ～图 K21）。

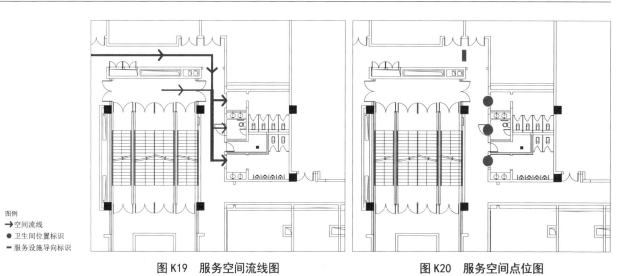

图例
→空间流线
●卫生间位置标识
━服务设施导向标识

图 K19　服务空间流线图　　　　　图 K20　服务空间点位图

图 K21　服务区域标识（依附式）

K 3.7 后勤空间

后勤空间主要涉及标识系统中的导向标识、位置标识、警示禁制标识。

商业建筑的后勤空间主要为管理服务人员进行运营管理的空间，并为商户提供货运、垃圾清运等服务。不同的管理方式对其功能分区、交通组织、设备系统和物业计费等方面的设计有不同的制约。导向系统应尽量明确空间功能，提高运营效率，常见安装方式为依附式或悬挂式（图K22、图K23）。

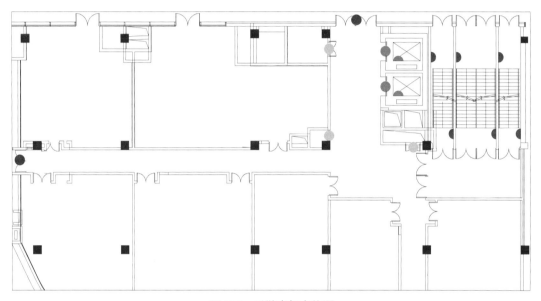

图例
● 后勤入口位置标识
● 货梯位置标识
● 设备间位置标识
◣ 楼梯间楼层标识
◣ 货梯乘梯须知标识

图 K22　后勤空间点位图

图 K23　后勤空间标识（依附式）

K4 商业建筑导向标识设计导则

K4.1 概述

商业建筑导向系统按照服务功能和载体形式的不同，主要包括信息标识、导向标识、位置标识、警示禁制标识，这四类标识的设计和设置需要从标识在空间环境中的尺度关系、标识形体与色彩、平面要素、标识工艺设计四个层次综合考虑，在明确标识功能的基础上，进一步确定标识的信息内容、设置与安装形式，提高标识的视觉美学等，并与环境充分融合。

K4.2 信息标识设计

（1）功能

信息标识分为综合信息标识、楼层信息标识。

综合信息标识是关于整个商业的空间布局图（包含楼层商铺分布、主题空间、服务功能、服务设施位置分布信息），以及营业时间说明，经营服务的内容说明、简介等相关信息的内容标识。它供顾客对整个商业建筑进行完整全面的了解。楼层信息标识显示指定楼层商业区域的平面空间布局图、商铺信息、服务设施信息，供顾客对指定楼层信息进行详细的了解。

（2）信息内容

信息内容涉及商业空间功能布局图、水平交通图、垂直交通图、商铺信息导览图、营业时间、宣传信息、特殊空间介绍及其他相关说明性信息等，基本要素由图廓、图名、图例和"您所在的位置"等构成。

（3）形式示意（图K24～图K26）

项目名称：北京中粮广场
标识类型：信息标识
标识说明：电子屏与标识结合
材料工艺：金属板制作标识面板表面电镀，溢光效果，内嵌电子触摸屏，信息雕刻镂空发光
安装方式：矗立式

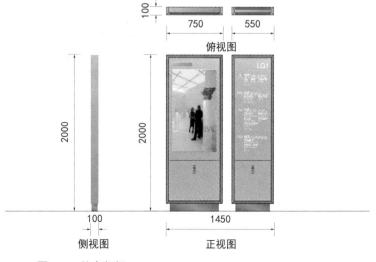

图 K24　信息标识一

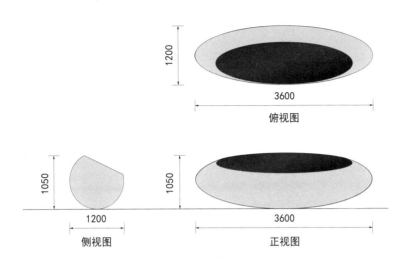

项目名称：武汉汉街万达
标识类型：信息标识
标识说明：标识形体采用一体成型
材料工艺：玻璃钢制作标识形体表面电镀，面板
　　　　　为玻璃
安装方式：矗立式

图 K25　信息标识二

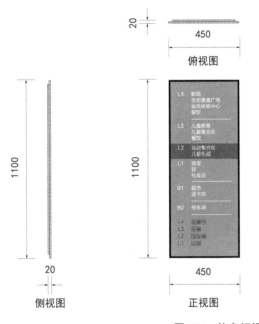

项目名称：北京密云万象汇
标识类型：信息标识
标识说明：与内装一体化设计
材料工艺：金属板边框，信息贴膜发光
安装方式：依附式

图 K26　信息标识三

K4.3　导向标识设计

（1）功能

用于指引使用者在通往目的地的过程中使用的公共信息图形标识，便于使用者辨别方向，在决策点正确选择行进路线，对前进方向有预示和强调作用。导向标识可与地图信息相结合，实现快速指引、快捷服务等需求。

（2）信息内容

由图形标识、文字标识和箭头符号等组合形成，内容包括空间信息、主力业态信息（如影院、超市等）、服务信息、交通信息、方向、楼层信息等。

（3）形式示意（图 K27～图 K31）

项目名称：北京中粮广场
标识类型：导向标识
标识说明：电子屏与标识结合
材料工艺：金属板制作标识面板表面电镀，溢光
　　　　　效果，内嵌电子触摸屏，信息雕刻镂
　　　　　空发光
安装方式：悬挂式

图 K27　导向标识一

项目名称：武汉汉街万达
标识类型：导向标识
标识说明：采用玻璃结构作为吊装结构
材料工艺：金属板烤漆，信息雕刻镂空发光，玻
　　　　　璃吊杆支撑
安装方式：悬挂式

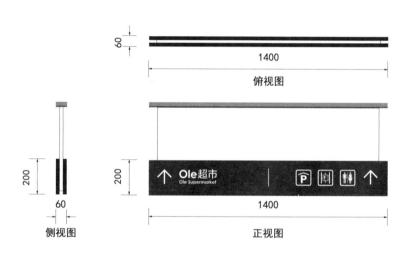

图 K28　导向标识二

项目名称：杭州城西银泰
标识类型：导向标识
标识说明：玻璃制作标识面板
材料工艺：金属板制作标识边框发光，玻璃制作
　　　　　面板，图案信息丝网印刷
安装方式：悬挂式

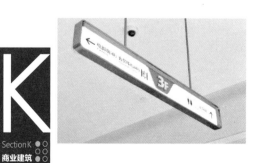

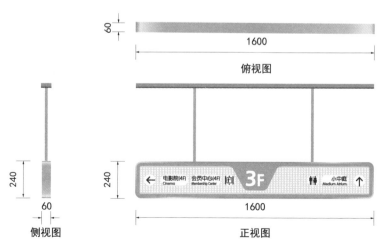

图 K29　导向标识三

Section K
商业建筑

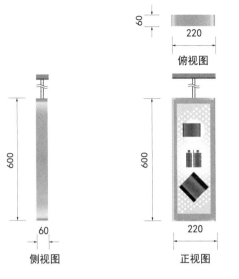

项目名称：杭州城西银泰
标识类型：导向标识
标识说明：玻璃制作标识面板
材料工艺：金属板制作标识边框发光，玻璃制作
　　　　　面板，图案信息丝网印刷
安装方式：悬挂式

图 K30　导向标识四

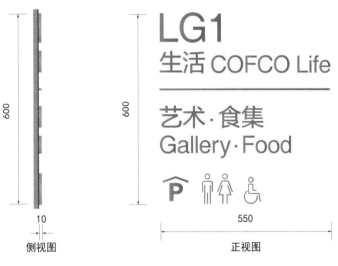

项目名称：北京中粮广场
标识类型：导向标识
标识说明：立体字形式，结合内装墙面
材料工艺：金属立体字，表面电镀
安装方式：依附式

图 K31　导向标识五

K 4.4　位置标识设计

（1）功能

商业建筑室内寻路或造访的最终目的地就是商业店铺或区域，位置标识、编号是用于标明服务设施或服务功能所在位置的公共信息图形标识。

（2）信息内容

由图形标识和文字标识等组成，当同一种空间功能、服务设施或设备设施重复出现时，建议对其进行编号以示区别，编号的命名应遵循逻辑、易懂。

（3）形式示意（图 K32 ～图 K35）

项目名称：瑞安吾悦广场
标识类型：位置标识
标识说明：结合内装转角空间墙面
材料工艺：金属板烤漆，信息丝网印刷
安装方式：依附式

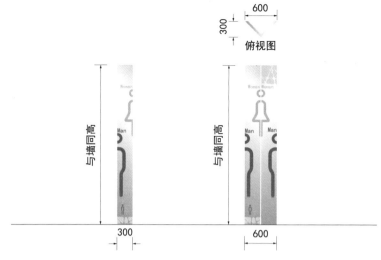

图 K32　位置标识一

项目名称：北京密云万象汇
标识类型：位置标识
标识说明：结合内装墙面
材料工艺：金属面板烤漆，背衬亚克力发光
安装方式：依附式

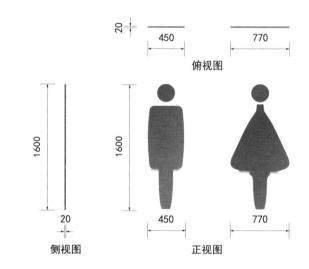

图 K33　位置标识二

项目名称：上海万象城
标识类型：位置标识
标识说明：简约设计
材料工艺：金属板制作边框，表面烤漆，亚克力
　　　　　面板发光
安装方式：悬挂式

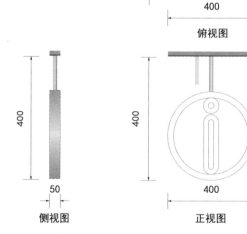

图 K34　位置标识三

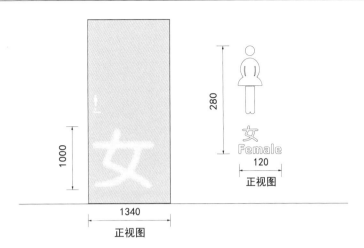

项目名称：北京来福士中心
标识类型：位置标识
标识说明：与室内装修一体化设计
材料工艺：彩色夹胶玻璃，信息丝网印刷于玻璃中间
安装方式：依附式

图 K35 位置标识四

K 4.5 警示禁制标识设计

（1）功能

满足运营管理需求、传达安全信息、提醒关注环境、禁止不安全行为、避免发生危险。

（2）信息内容

由图形符号和文字信息构成，显示警告、提示、禁止、限制等信息。

（3）形式示意（图 K36～图 K41）

项目名称：北京中粮广场
标识类型：警示禁制标识
标识说明：设置于室内玻璃围栏处
材料工艺：信息丝网印刷
安装方式：依附式

图 K36 警示禁制标识一

项目名称：长沙吾悦广场
标识类型：警示禁制标识
标识说明：设置于扶梯处
材料工艺：信息丝网印刷于磨砂膜上
安装方式：依附式

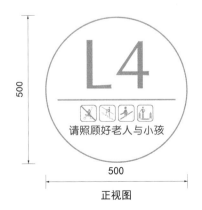

图 K37 警示禁制标识二

199

项目名称：瑞安吾悦广场
标识类型：警示禁制标识
标识说明：与其他标识设计风格统一
材料工艺：亚克力制作面板，信息丝网印刷
安装方式：依附式

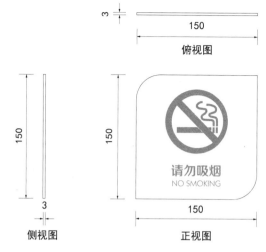

图 K38　警示禁制标识三

项目名称：成都太古里
标识类型：警示禁制标识
标识说明：结合扶梯设计
材料工艺：亚克力制作面板，信息丝网印刷
安装方式：悬挂式

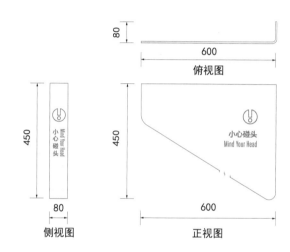

图 K39　警示禁制标识四

项目名称：北京密云万象汇
标识类型：商业运营标识
标识说明：根据运营需求设置
材料工艺：金属板烤漆，亚克力面板贴膜
安装方式：矗立式

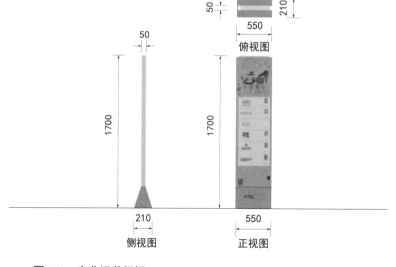

图 K40　商业运营标识一

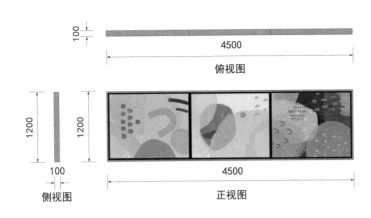

100

4500

俯视图

1200

1200

100

侧视图

4500

正视图

图 K41 商业运营标识二

项目名称：北京密云万象汇
标识类型：商业运营标识
标识说明：与室内空间结合
材料工艺：电子屏
安装方式：依附式

K5 商业建筑导向系统工程案例

名称	项目类型	建筑规模	项目地点
GSIX（图K42）	商业	建筑面积约为148700m²	东京

项目特点：

　　"GSIX"建在大型百货商店"松坂屋"等设施的旧址上，跨越两个街区，占地面积约9080m²，单层写字楼面积东京最大，屋顶花园面积银座最大。整个商场由地下6层、地上13层构成

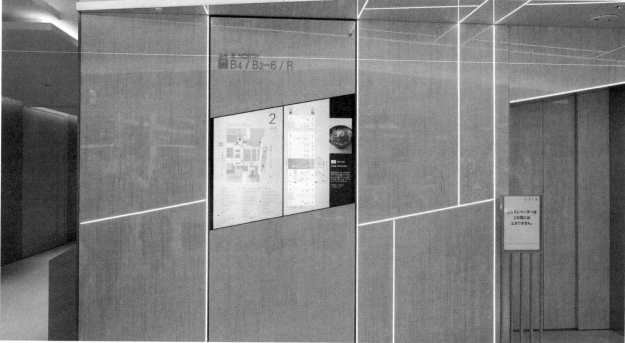

图K42　GSIX 导向系统（一）

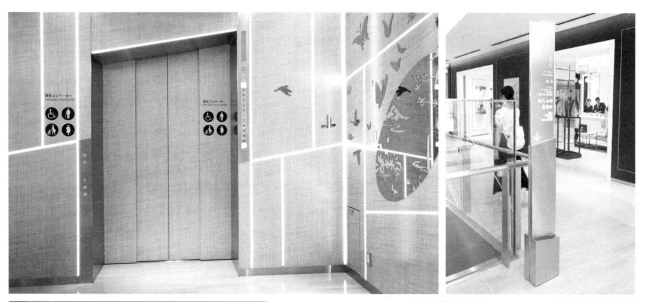

图 K42　GSIX 导向系统（二）

名称	项目类型	建筑规模	项目地点
壹号广场（图K43）	商业	4 万 m²	澳门

项目特点：

壹号广场处于澳门半岛中心，是连接澳门文华东方酒店和澳门米高梅的奢华购物商场。

这座购物中心共 3 层楼高，总楼层面积达 4 万 m²，整个商场呈长廊状，壹号广场的建筑风格充分体现了"水"在这一地区的重要地位

图 K43　壹号广场导向系统（一）

图 K43 壹号广场导向系统（二）

名称	项目类型	建筑规模	项目地点
万象城（图 K44）	商业	15.77 万 m²	石家庄

项目特点：

石家庄华润万象城位于中山路和中华大街交口东南角，处于市中心传统商业区核心地段，地铁 1、3 号线与项目交汇，无缝衔接；商业楼层包括地下 1 层与地上 7 层，共 8 层

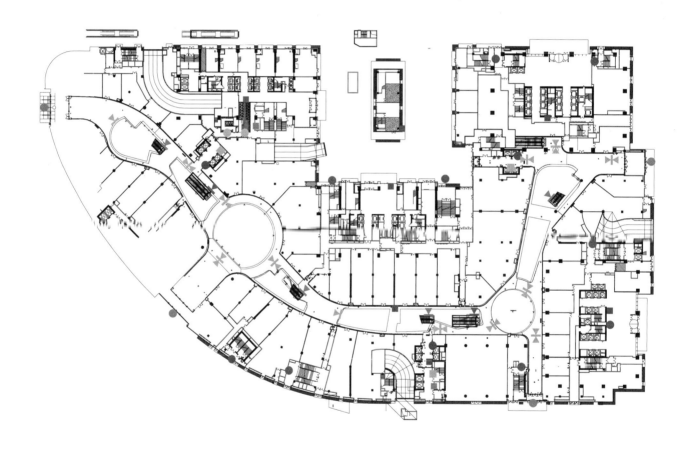

图例	名称	图例	名称
▼	大堂综合信息标识	●	卫生间位置标识
▼	楼层综合信息标识	●	电梯间位置标识
▼	客流导向标识	■	设备间位置标识
▼	车辆导向标识	■	消火栓位置标识
●	入口位置标识	■	消防疏散图位置标识
●	步梯间位置标识	■	警示禁制标识

图 K44　万象城点位图

图 K45　万象城导向系统（一）

图 K45　万象城导向系统（二）

商业建筑推荐优先选用的国家标准图形符号 K6

本部分摘自 GB/T 10001 系列《公共信息图形符号》，由全国图形符号标准化技术委员会（SAC/TC 59）提供并归口。

| 卫生间 Restrooms | 商场 Shopping Area | 超级市场 Supermarket | 结账 Check-out | 餐饮 Restaurant | 信息服务 Information | 停车场 Parking | 图像采集区域 Video |

| 酒类 Liquor Products | 针棉织品 Knitted Wear | 鞋 Shoes | 婴儿用品 Baby Products | 童装 Children and Infants Wear | 工艺礼品 Craft Products | 手表 Watches | 包箱 Bags and Cases |

| 大家电 Large Electric Household | 移动通讯器材 Mobile Phones | 儿童玩具 Children's Toys | 服装 Clothing | 无障碍设施 Accessible Facility | 无障碍停车位 Accessible Parking Space | 无障碍通道 Accessible Passage | 无障碍卫生间 Accessible Toilet |